我国水资源短缺的对策研究

Research on the Countermeasures of

China’s Water

Resources Shortage

张亮 ◎著

图书在版编目（CIP）数据

我国水资源短缺的对策研究 / 张亮著. — 北京：中国发展出版社，2015.3

ISBN 978-7-5177-0297-9

Ⅰ. ①我… Ⅱ. ①张… Ⅲ. ①水资源短缺—研究—中国 Ⅳ. ① TV211.1

中国版本图书馆 CIP 数据核字（2014）第 307280 号

书　　名：我国水资源短缺的对策研究
著作责任者：张亮
出 版 发 行：中国发展出版社
（北京市西城区百万庄大街 16 号 8 层 100037）
标 准 书 号：ISBN 978-7-5177-0297-9
经　销　者：各地新华书店
印　刷　者：北京科信印刷有限公司
开　　本：710mm × 1000mm 1/16
印　　张：11.25
字　　数：123 千字
版　　次：2015 年 3 月第 1 版
印　　次：2015 年 3 月第 1 次印刷
定　　价：30.00 元

联 系 电 话：（010）88919581 68990692
购 书 热 线：（010）68990682 68990686
网 络 订 购：http://zgfzcbs.tmall.com
网 购 电 话：（010）88333349 68990639
本 社 网 址：http://www.develpress.com.cn
电 子 邮 件：370118561@qq.com

前 言

水是生命之源、生产之要、生态之基。尽管地球表面约 71% 被水覆盖，但淡水资源仅占水资源总量的 2.53%，扣除难以利用的两极冰盖、高山冰川冰雪外，可直接利用的淡水仅占 0.4% 左右，并且时空分布很不均匀。淡水资源短缺已经成为跨越国界的全球性问题，是 21 世纪人类共同面临的最重要难题之一。据不完全统计，目前全世界有 100 多个国家缺水。我国是一个淡水资源较为缺乏的国家，人均水资源占有量约为 2100 立方米，仅为世界平均水平的 28%，列世界第 125 位，多年平均情况下全国年缺水量 500 多亿立方米。与此相对应，全国 657 个城市中有约 400 个城市缺水，110 个城市严重缺水，农村有近 3 亿人口饮水不安全。并且我国水资源时空变化大、分布不均，南多北少现象极为突出。目前不缺水的省市仅有 10 个，占国土面积不到 16%，严重缺水区和极度缺水区占国土面积 60% 以上。水资源缺乏已经成为制约我国大部分地区，特别是北方地区经济社会发展的重要瓶颈。

水资源短缺问题是未来一段时期需要加紧应对的重要课题，事关我国经济社会可持续发展的大局。党中央、国务院高度重视，特别是近几年来，先后出台了《中共中央 国务院关于加快水利改革的决定》（2011 年中央 1 号文件）、《国务院关于实行最严格水资源管理制度意见》（国发〔2012〕3 号）等重要文件，并且专门召开了中央水利工作会议进行具体工作部署。最近，习近平总书记对保障国家水安全问题发表了重要讲话，对保障国家水安全提出了明确的要求。如何缓解我国经济社会发展中的水资源约束已经成为迫切需要解决的最棘手问题之一。

水资源短缺问题的对策研究是个人长期关注的研究课题。围绕这一主题，笔者先后撰写了一些内部研究报告和学术期刊文章，部分研究成果已公开发表，本书正是在这些研究成果的基础上总结提升而成的。全书共包括 11 个章节和 1 个附录，每个章节都独立成篇，根据论述的问题，分别提出了有针对性和可操作性的对策建议，期待能对解决实际问题具有参考价值。第一章主要是对目前我国水资源及利用状况进行分析。第二章是对未来我国水资源供需态势的预测。第三章至第九章分别对水价政策、水资源费制度、最严格水资源管理制度、水权交易制度、城市雨水资源化利用、云水资源利用和海水利用等应对水资源短缺的不同政策手段进行了较为细致的阐述，并提出了具体的对策建议。第十章主要对城市水资源短缺的问题及其对策进行了专题论述。第十一章主要选取首都北京市这一水资源极为紧缺的地区作为典型案例进行分析，提出了缓解其水资源短缺的政策措施。附录则主要是对前面第三章提到的水价政策形成机制改革过程中面临的几个关键问题进行了补充论述，并提出了相应对策。

本研究得到国务院发展研究中心 2014 年度重大课题“‘十三五’规划预研究：‘十三五’期间我国经济社会发展若干重大问题研究”的资助，在此表示感谢。由于本书是在前期相对独立完成的研究成果上形成的，对于问题的分析并没有做到面面俱到，并且为了保持原有文章的独立性，各个章节之间在内容衔接上可能存在不够紧密且略有重复的问题。另外，我们的研究还刚刚起步，在许多方面还欠深入。水资源短缺问题作为制约我国未来发展的重要瓶颈，值得大家深入探讨，本书只是抛砖引玉，把此问题提出来，并发表了自己的见解，不当之处在所难免，希望读者不吝批评指正。

张 亮

2015 年 2 月

目 录
Contents

第七章　推进我国城市雨水资源化利用的改进建议

第八章　科学开发利用我国空中云水资源的建议

第九章　加快推进我国海水利用的对策建议

第 一 章

我国水资源
及其利用的基本状况

水是生命之源、生产之要、生态之基，重要性不言而喻。但是随着经济发展的不断推进，所需水量不断增加，加之我国淡水资源本身较少且水污染极其严重的现实状况，使得水资源短缺日渐成为制约我国经济社会发展的重要约束之一，如何有效应对水资源短缺问题成为国内各界共同面对的棘手难题。

一、我国水资源的基本状况

（一）我国淡水资源总量较为缺乏

我国是一个淡水资源较为缺乏的国家，在多年平均的情况下，全国水资源总量为 28412 亿立方米，从世界范围来看，尽管我国水资源总量居世界第 6 位，但人均水资源占有量仅为 2114 立方米（中国内地人均水资源量为 2109 立方米），约为世界平均值的 28%，列世界第 125 位；耕地亩均水资源占有量 1500 立方米左右，约为世界平均水平的一半左右。并且由于年内年际变化大，分布不均且与生产力布局不相匹配，不但易造成旱涝灾害，使得水资源开发利用难度加大，导致可利用水量更为有限。

（二）水资源时空分布不均，南多北少现象较为突出

从总量来看，在多年平均的情况下，占全国面积 64% 的北方地区水资源总量为 5267 亿立方米，仅占全国的 19%，占全国面积 36% 的南方地区为 23145 亿立方米，占到全国的 81%。全国多年平均年地表水资源量为 27388 亿立方米，其中南方地区地表水资源量占全国的 84%，北方地区地表水资源量占全国的 16%。全国多年平均年地下水资源量为 8218 亿立方米，其中北方地区为 2458 亿立方米，占全国的 30%，南方地区为 5760 亿立方米，占全国的 70%。从降水量来看，全国多年平均年降水量为 61775 亿立方米，南方地区降水量占全国的 68%；北方地区降水量占全国的 32%，其中西北诸河区面积占全国的 35%，降水量仅占全国的 9%。我国山丘区面积约占全国的 72%，降水量占全国的 85%；平原及盆地面积约占全国的 28%，降水量约占全国的 15%。综合来看，北方地区国土面积、人口、耕地面积和生产总值分别占全国的 64%、46%、60% 和 45%，但其水资源总量仅占全国的 19%，其中黄河、淮河、海河 3 个水资源一级区水资源总量合计仅占全国的 7%，南多北少现象较为突出。

（三）我国水资源污染仍然较为严重

尽管 21 世纪以来，全国水资源污染加剧的态势得到了一定的遏制，但目前我国水资源污染形势仍然较为严峻，废水排放量持续增加（见图 1–1）、污染物排放更加多元化致使水污染由单一型向复合型污染转变。根据环境保护部的统计，2013 年，全国地表水总体为轻度污染，部分城市河段污染严重。如海河流域 IV–V 和劣 V 类水质断面达到 60.9%。另外，地下水污染也较为严重，呈现逐年变差的态势。据有关统计，全国 90% 的地下水遭受了不同程度的污染。如图 1–2 所示，环境保护部的监测数据显示，2013 年，地下水环境质量的监测点总数为 4778 个，其中国家级监测点 800 个。水质优良的监测点比例

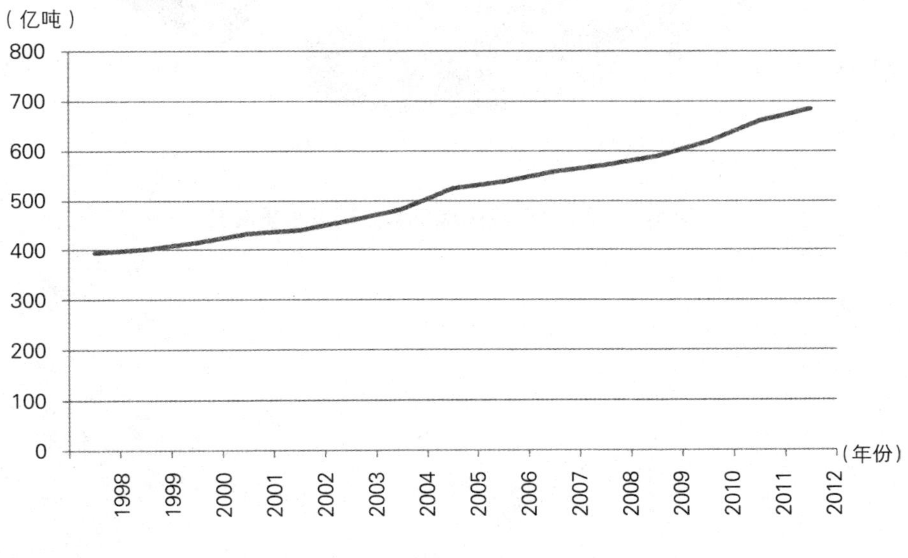

图 1–1　我国废水排放量变化情况

为 10.4%，良好的监测点比例为 26.9%，较好的监测点比例为 3.1%，较差的监测点比例为 43.9%，极差的监测点比例为 15.7%。近年来，各地由于水污染而导致的城市供水问题日益增多，如广西镉污染事件、兰州自来水苯污染事件等。据监察部的统计显示，近几年水污染事故每年都在 1700 起以上。

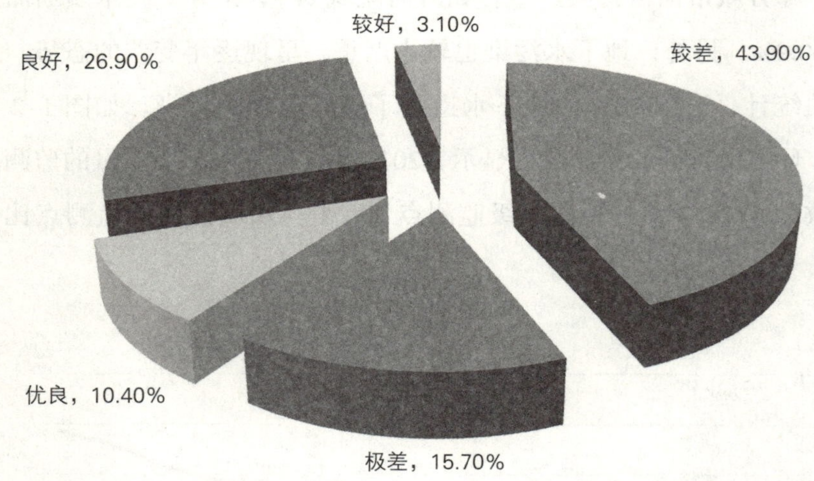

图 1–2　2013 年我国地下水监测点水质情况

二、当前我国水资源利用的基本情况

（一）当前中国用水量正处于平稳增长的阶段

与其他国家一样，中国的用水量也经过了从快速增长、缓慢增长到平稳增长的逐步过渡，其中 1949~1980 年是快速增长阶段，全国用水量从 1949 年的 1030 亿立方米猛增到 1980 年的 4437 亿立方米，平均年增速达到 5.0%。此后用水量增长开始趋缓，到 1997 年，全国用水量为 5566.03 亿立方米，17 年间新增取水量 1129 亿立方米，年均增长率为 1.34%，远低于前一阶段。1997 年以后用水量开始进入平稳增长的阶段，1997~2013 年的用水量维持了缓慢上升态势。由 1997 年的 5566.03 亿立方米上升到 2013 年的 6170 亿立方米。从用水结构来看，近几年，占绝大比重的农业用水和工业用水基本处于微增阶段，个别年份已出现下降态势。

表 1–1　　1997~2013 年中国用水量的统计　　单位：亿立方米

年份	总用水量	工业用水	农业用水	生活用水	生态环境
1997	5566.03	1121.1	3939.72	525.15	—
1998	5435.39	1126.21	3766.26	542.92	—
1999	5590.88	1158.95	3869.16	562.77	—
2000	5497.59	1139.13	3783.54	574.92	—
2001	5567.43	1141.81	3825.73	599.89	—

（续表）

年份	总用水量	工业用水	农业用水	生活用水	生态环境
2002	5497.28	1142.36	3736.18	618.74	—
2003	5320.4	1177.2	3432.8	630.9	—
2004	5547.8	1228.9	3585.7	651.2	82.0
2005	5633.0	1285.2	3580.0	675.1	92.7
2006	5795.0	1343.8	3664.4	693.8	93.0
2007	5818.7	1404.1	3598.5	710.4	105.7
2008	5909.9	1397.1	3663.4	729.2	120.2
2009	5965.2	1390.9	3723.1	748.2	103.0
2010	6022.0	1447.3	3689.1	765.8	119.8
2011	6107.2	1461.8	3743.5	789.9	111.9
2012	6131.2	1380.7	3902.5	739.7	108.3
2013	6170	—	—	—	—

注：2012 年将生活用水量中的牲畜用水量调整至农业用水中。

资料来源：《中国水资源公报》（1997~2012），国家统计局网站。

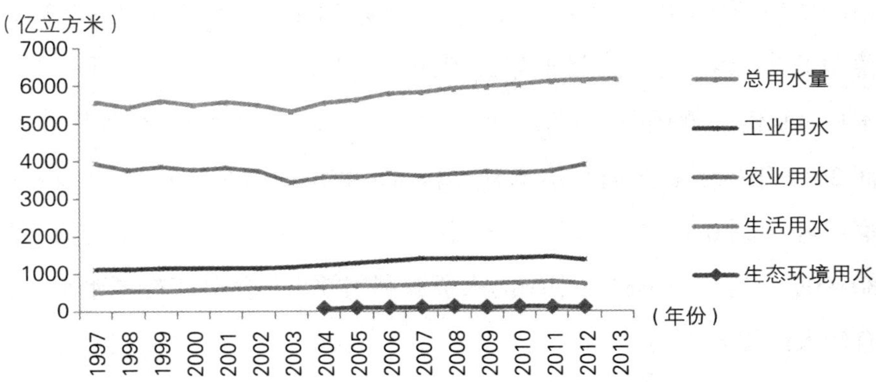

图 1-3　1997~2013 年中国用水量变化情况

资料来源：《中国水资源公报》(1997~2012)，国家统计局网站。

（二）中国用水效率已得到迅速提高，但仍处于较低水平

我国水资源利用效率提高十分明显。2012 年全国万元 GDP 用水量从 1997 年的 726 立方米下降到 118 立方米，全国万元工业增加值用水量从 298 立方米下降到 69 立方米；全国农田灌溉水有效利用系数则提高到 0.516[①]，亩均灌溉用水量由 492 立方米下降到 404 立方米。虽然近年来水资源利用效率有较大幅度提高，但与发达国家和世界先进水平相比还有较大差距。万美元 GDP 用水量的世界平均水平约为 711 立方米，中国为 731 立方米，略高于世界平均水平，远高于巴

① 灌溉水有效利用系数是指灌溉期内，灌溉面积上不包括深层渗漏与田间流失的实际有效利用水量与渠道头进水总量之比。

西、俄罗斯等国，是美国的 1.8 倍，日本的 4.4 倍，以色列的 7.3 倍，德国的 7.5 倍。万美元工业增加值用水量略低于世界平均水平，是日本的 4.9 倍，德国的 1.2 倍，也远高于巴西、墨西哥、土耳其等国。而 2012 年中国农业灌溉用水有效利用系数也仅为 0.516，一些发达国家已经达到 0.8~0.9。水的重复利用率仅为 50%，远低于发达国家的 80~90%。这些均反映出中国的水资源利用效率仍然处于较低水平，具有较大的提升空间。

表 1–2　　1997~2012 年中国用水效率指标统计

年份	人均用水量（立方米）	人均生活用水量（L/D）		万元 GDP 用水量（立方米）	万元工业增加值用水量（立方米）	农田实际灌溉亩均用水量（立方米）
		城镇生活	农村居民			
1997	458	220	84	726	298	492
1998	445	222	87	683	289	488
1999	440	227	89	680	282	484
2000	430	219	89	610	288	479
2001	436	218	92	580	268	479
2002	428	219	94	537	241	465
2003	412	212	68	448	222	430
2004	427	212	68	399	196	450
2005	432	211	68	304	147	448
2006	442	212	69	272	130	449
2007	442	211	71	229	131	434

（续表）

年份	人均用水量（立方米）	人均生活用水量（L/D）		万元 GDP 用水量（立方米）	万元工业增加值用水量（立方米）	农田实际灌溉亩均用水量（立方米）
		城镇生活	农村居民			
2008	446	212	72	193	108	435
2009	448	212	73	178	103	431
2010	450	193	83	150	90	421
2011	454	198	82	129	78	415
2012	454	216	79	118	69	404

资料来源：《中国水资源公报》（1997~2012）。

表 1–3　　中国与世界部分国家水资源利用效率比较

国家	万美元 GDP 用水量（立方米）	万美元工业增加值用水量（立方米）	灌溉水利用率（%）	国家	万美元 GDP 用水量（立方米）	万美元工业增加值用水量（立方米）	灌溉水利用率（%）
中国	731	427	51.6	以色列	100	23	87
澳大利亚	244	89	80	日本	165	88	—
巴西	364	291	28	墨西哥	912	253	31
加拿大	344	743	30	俄罗斯	537	1120	78
阿根廷	1098	487	20	瑞士	52	121	—
埃及	3625	597	57	南非	479	118	31
法国	119	487	73	西班牙	222	199	72
德国	97	344	—	土耳其	652	307	51
印度	5525	489	44	美国	403	1177	54

（续表）

国家	万美元GDP用水量（立方米）	万美元工业增加值用水量（立方米）	灌溉水利用率（%）	国家	万美元GDP用水量（立方米）	万美元工业增加值用水量（立方米）	灌溉水利用率（%）
印度尼西亚	2432	958	12	津巴布韦	7476	2110	24
世界	711	569	—				

注：其中，中国数据为2012年，其他国家用水数据主要来源于FAO，根据2009年经济指标计算，部分转引自贾金生等：“国际水资源利用效率追踪与比较”，载于《中国水利》2012年第5期。

（三）中国用水的区域性差异较大

2011年，按东、中、西部地区统计分析，人均用水量分别为402立方米、465立方米、531立方米，即东、中部小，西部大；万元国内生产总值用水量差别较大，分别为76立方米、154立方米、191立方米，西部比东部高出近1.5倍；农田实际灌溉亩均用水量分别为383立方米、365立方米、522立方米，依然是西部最大；万元工业增加值用水量分别为50立方米、87立方米、69立方米，呈东部小，中、西部大的分布态势；农田灌溉水有效利用系数呈东部大，中、西部小的分布态势。各省级行政区的用水指标值差别很大。以2012年的数据为例，从人均用水量看，大于600立方米的有新疆、宁夏、西藏、黑龙江、内蒙古、江苏、广西7个省（自治区），其中新疆、宁夏、西藏分别达2657立方米、1078立方米、976立方米；小于300立方米的有天津、北京、山西和山东等9个省（直辖市），其中天津最低，仅167立方米。从万元国内生产总值用水量看，新疆最高，为

786 立方米；小于 100 立方米的有北京、天津、山东和浙江等 12 个省（直辖市），其中天津、北京分别为 18 立方米和 20 立方米[①]。

（四）水资源处于过度开发利用状态

我国目前的年用水总量已突破 6000 亿立方米，约占水资源可开发利用量的 74%。不少地方水资源开发已超过承载能力，海河、辽河、黄河水资源开发利用率已分别高达 134%、87% 和 73%，而世界公认的安全的水资源开发利用率为 40%，多数地区水资源已严重开发利用过度。据统计，全国目前已形成深浅层地下水超采区 400 多个，地下水超采区总面积近 19 万平方公里，约占平原区总面积的 11%，主要分布在北方地区，其中海河平原地下水超采区面积占其平原面积的 91%。在超采区中，开采率大于 120% 及年均地下水位下降速率大于 1.5m 的严重超采区面积约为 7.2 万平方公里，约占全国超采区面积的 39%。由于许多地区长期超采，全国超采区地下水累计超采量已达 2042 亿立方米，其中，北方地区累计超采量占全国的 96%，南方地区占 4%。

① 水利部:《中国水资源公报 2011》。

表 1–4　全国不合理的地下水开采量

分区	不合理开采地下水量（亿立方米 / 年）			多年累计超采量（亿立方米）
	浅层地下水	深层承压水	小计	
全国	141.2	73.9	215.1	2041.7
松花江区	14.5	10.9	25.4	82.1
辽河区	14.7	0.9	15.6	106.6
海河区	53.1	38.6	91.7	1307.4
黄河区	17.5	4.0	21.5	191.3
淮河区	20.3	13.0	33.3	128.9
长江区	1.0	3.6	4.6	67.1

三、我国水资源短缺的表现形式及主要原因分析

（一）我国水资源短缺已经成为普遍共识

从我国水资源的需求来看，我国用水量的稳定增长将是一个必然趋势，而从水资源供给来看，供给总量增长十分有限。根据水利部的测算，在多年平均情况下，全国年平均缺水 500 多亿立方米。一方面，水资源短缺直接导致了干旱地区的扩大与干旱程度的加重，部分人口饮水困难。据估计，每年受旱面积至少在 300 万平方千米左右，7000 万人饮水困难。2012 年全国耕地受旱面积达到 6010 万亩，个别年份的受旱面积甚至达到 1 亿多亩。另外，缺水已经造成了较为严重

的生态环境破坏。如北方地区的地下水超采现象引起的地面沉降、海水入侵、土地沙化等生态环境问题。据国土资源部监测显示，全国累计地面沉降量超过 200 毫米的地区达到 7.9 万平方公里，发生地面沉降的城市已超过 50 个，全国海水入侵面积超过 3000 平方公里。

（二）城市缺水和区域性缺水是我国水资源短缺的主要表现形式

一方面，水资源费时空分布不均匀，致使部分地区缺水严重。首先，南多北少现象突出，致使北方缺水较为严重。如前所述，北方地区国土面积、人口、耕地面积和生产总值分别占全国的 64%、46%、60% 和 45%，但其水资源总量仅占全国的 19%。在北方地区调查的 514 条河流中，有 49 条河流发生断流，其断流河段长度总计达到 7428 千米。尽管南水北调通水后（根据设计，东线一期工程将于 2013 年 12 月通水，中线一期工程将于 2014 年 10 月通水），北方缺水在一定程度上会有所缓解，但是北方地区水资源极其短缺的基本态势不会得到根本扭转。另外，年降水量和径流深度由东岸沿海向西北内陆逐渐递减，因此，我国西北内陆地区也是严重缺水的区域。

另一方面，我国城市缺水问题将会更加凸显。当前我国城市的短缺形势已经非常严峻，全国 657 个城市中有约 400 个城市缺水，110 个城市严重缺水，甚至部分城市都没有专门的水源地。目前我国正处于工业化、城镇化较快推进的重要阶段，随着工业化深入推进，城市工业企业不断增多，对于水资源的需求将逐步增加，城镇化水平将不断提高，城镇人口的大幅增加也必将导致城市水资源供需矛盾更加凸显。

（三）我国各地水资源短缺的原因多样化

造成我国水资源短缺的原因是多方面的，归结起来，大致可以分为资源型缺水、质量型缺水、结构型缺水、工程型缺水、效率型缺水等五种类型。具体情况如下。

（1）资源型缺水主要是指本地自身的水资源拥有量较少，致使不能满足经济社会发展的需求量，形成供水紧张的现象。这种类型在我国北方地区普遍存在。以北京市为例，作为国内水资源最紧缺的地区之一，其人均水资源量仅为 110 立方米左右，远低于国际公认的年人均 1000 立方米的缺水警戒线，且随着常住人口的逐步增加，人均水资源量下降态势仍将持续，缺水态势更加明显。

（2）质量型缺水，也称为水质型缺水，主要是指由于污染造成的水质下降到无法使用程度而引起的淡水资源缺乏的现象。水质型缺水是伴随工业化和城市化发展产生的一种新的缺水类型。在水资源总量不足的背景下，“有水不能用”的水质型缺水更是我国水资源管理迫切需要解决的现实问题，当然在水资源相对丰富的南方地区由于污染原因也经常出现水质型缺水的问题。目前由于水质型缺水导致的水危机现象也逐渐增多。国际经验表明，城镇化率超过 50% 以后，将是水污染危机的高发期。据环境保护部 2011 年对地级以上城市集中式饮用水水源环境状况调查显示，约 35.7 亿立方米水源水质不达标，占总供水量的 11.4%。

（3）结构型缺水主要是指产业结构、布局不合理以及过度消耗淡水资源等引起的缺水现象。这主要变现为一些地区存在的高耗水型产业较多，或者某些行业布局与供水格局不匹配等出现的缺水问题，这其中与水资源管理有着密切的联系，如在我国一些建设项目前期审批过程中，并没有相应的水资源论证，通常将水资源论证后置，水资源论证不足导致经常出现项目建成后，再被动协调用水的局面，极易造成结构性缺水的情形。如以一些地方盲目上马煤化工项目为例，煤化工是高耗水行业，据有关测算，煤直接制油每吨成品油要耗 6 吨水，间接制油每吨成品油需要 12 吨水，有煤炭的地区一般水资源相对较少，因此，在这些地区布局发展煤化工产业势必就会面临着缺水问题。

（4）工程型缺水则是指由于水资源工程设施建设不足导致的缺水现象。如在一些地方尤其是西南地区水库失修，水源工程建设严重滞后，导致在大干旱来临时缺少抗击能力。从图 1–4 可以看出，我国产水系数（即水资源总量占降水总量的比重）与降水量有很大关系，这说明我国年水资源量多寡主要取决于年降水量多少，处于一种“靠天吃水”的状态，这也说明了我国水利工程建设还存在着一定滞后性。同时，目前全国有一半以上的城市供水管网漏损率超标，年漏损水量达 60 亿立方米。

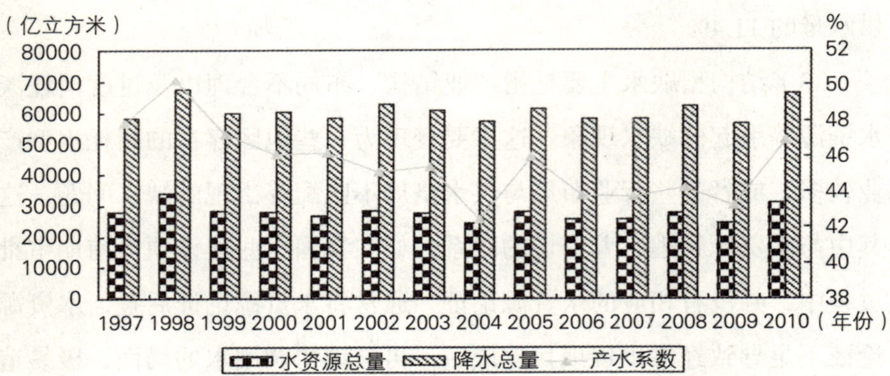

图 1-4　历年产水系数：水资源总量占降水总量的比重

资料来源：《中国水资源统计公报》（1997~2010）。

（5）效率型缺水主要是指用水效率低下导致的耗水量较大，即由于水资源浪费导致的缺水现象。如前所述，我国的用水效率尽管已经得到很大程度的提升，但是效率较低仍是客观事实，并且国内用水主体节水意识也较为淡薄，加之市场化的水价形成机制也尚未建立，致使水资源浪费现象普遍存在。

要说明的是，通过上面的分析也可以看出，就某一地区而言，缺水不一定是上述某一种原因导致的缺水，可能是由多种原因复合造成的，应该进行具体分析，采取综合性的措施加以应对。

第 二 章

未来十年

我国水资源供需形势的预测

一、用水变化与经济发展的国际典型事实

（一）增长特征："库兹涅茨曲线"式的增长路径

从发达国家的经验来看，随着经济发展和工业化的推进，不管是水资源较为丰富还是相对缺乏的国家，其总用水量基本都将经历倒U型的增长基本路径，即快速增长→缓慢增长→稳定期→缓慢下降的变化过程。以美国为例，如图2-1所示，其用水量变化大致可以划分为四个阶段：第一阶段是快速增长时期（1950~1970年），用水量由1950年的2487亿立方米增加到1970年的5112.2亿立方米，增加了1倍多，20年间的平均增速为3.87%，其中，前十年平均增速为4.6%，后10年平均增速为3.56%。第二阶段是缓慢增长时期（20世纪70年代），平均增速为1.68%，1980年用水量已达到5941.2亿立方米的峰值。第三阶段是1980年前后的稳定期，总用水量维持在峰值附近，只发生微量的增减变化。第四阶段是缓慢下降期（20世纪80年代至今），用水量由1980年的5941.2亿立方米减少到5664.9亿立方米。法国的用水量也呈现出明显的阶段性（见图2-2），1980~1994年法国

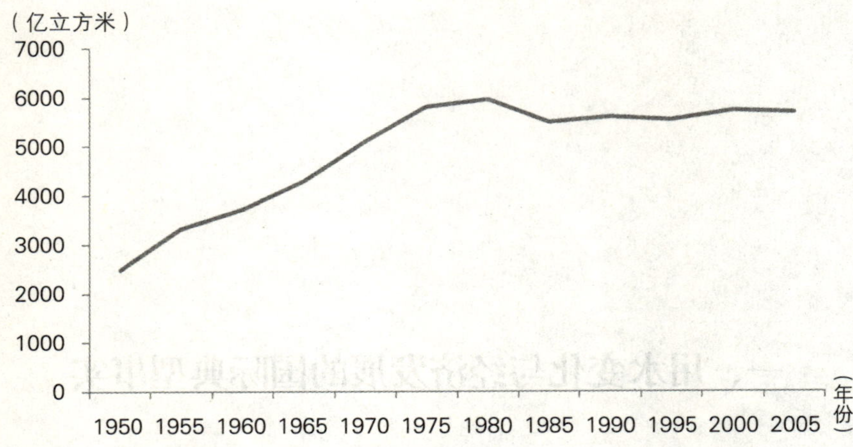

图 2-1　1950~2005 年美国总用水量的阶段变化示意图

资料来源：根据美国地质调查局（USGS）公布数据换算而成。

注：美国水资源利用情况每 5 年评价一次。

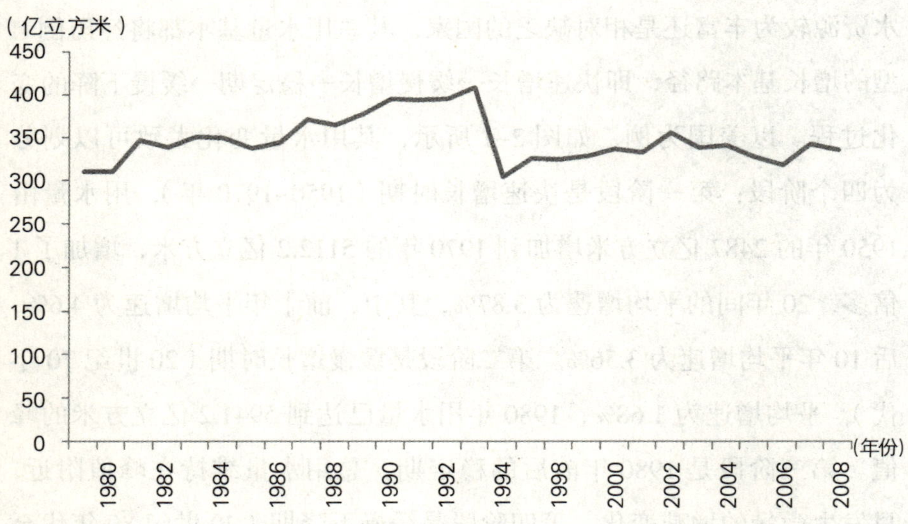

图 2-2　1980~2009 年法国总用水量的阶段变化示意图

资料来源：根据 OECD 网站（http：//stats.oecd.org）统计数据整理而成。

注：1995 年、1996 年数据缺失。

的用水量处于上升期，此后几年处于稳定期[①]，然后开始进入缓慢下降期。波兰的情况佐证了这一结论，在 1985 年达到用水峰值后开始缓慢下降（见图 2–3）。除了这些国家以外，绝大部分的 OECD 国家也都经历了用水量的转折点。这与库兹涅茨曲线的一般特征相吻合。

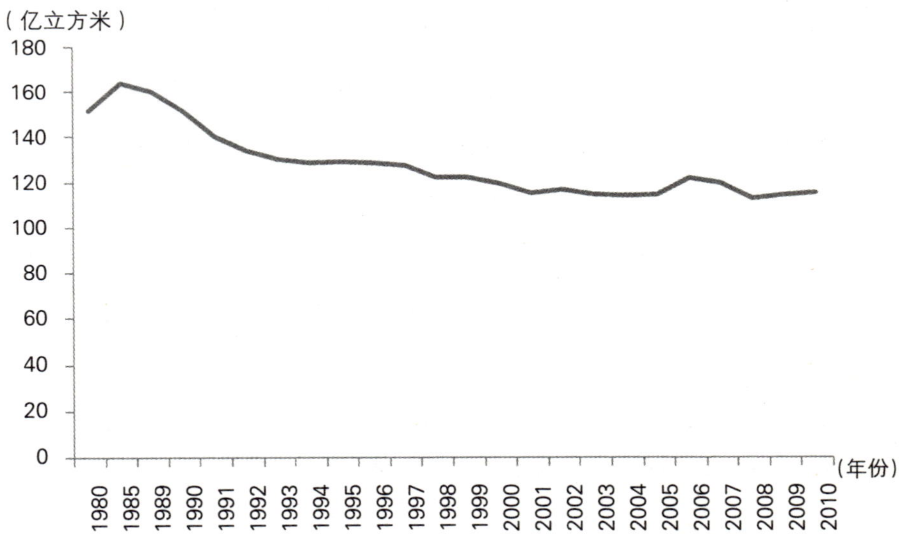

图 2–3　1980~2010 年波兰用水量的阶段变化示意图

资料来源：根据 OECD 网站（http：//stats.oecd.org）统计数据整理而成。

① 图中 1995 年、1996 年数据缺失。

（二）用水量与经济指标的考察

（1）用水量与人均 GDP 的一般考察。如前所述，随着经济的发展，用水量呈现出先高后低的变化特征，从全球范围来考虑，在用水量达到峰值时，发达国家与发展中国家的人均 GDP 水平差异较大，但通过对主要发达国家的考察发现，在达到用水高峰时，人均 GDP 基本处于 15000~20000 国际元[①]的区间，美国 1980 年达到用水峰值时人均 GDP 为 18577 国际元，英国在 1991 年达到峰值时人均 GDP 为 16157 国际元，德国在 1992 年达到峰值时人均 GDP 为 16891 国际元，法国在 1994 年达到峰值时人均 GDP 为 18008 国际元（见表 2–1）。考虑到中国经济发展的阶段特征，这对预测中国用水量的变化有重要借鉴意义。

表 2–1　主要发达国家达到用水峰值时的人均 GDP 水平（单位：国际元）

国家	用水峰值年份	人均 GDP	国家	用水峰值年份	人均 GDP
美国	1980	18577	法国	1994	18008
英国	1991	16157	荷兰	2005	22929
德国	1992	16891	葡萄牙	1998	12939
日本	1975	11344	西班牙	1985	9722

资料来源：根据 OECD 网站（http：//stats.oecd.org）统计数据和课题组相关计算结果整理。

① 国际元是指 1990 年“G–K 国际元”，采用吉尔瑞—开米斯法（Geary–Khamis 法）计算的购买力平价，下同。

（2）产业结构与用水量的一般考察。通过对发达国家的产业结构与用水量的考察发现，20 世纪 70~80 年代是用水量达到峰值的集中时段，进入 90 年代后开始逐步下降。在 70~80 年代，这些国家的产业结构也基本趋同，第一产业的比重降到 5% 左右的水平，第二产业的比重达到 30%~40% 的高峰后转而下降，第三产业的比重普遍上升并达到 60% 以上（如图 2–4 所示）。例如，美国在 1980 年左右达到用水量的峰值，当时第一产业占比为 2.9%，第二产业占比为 33.51%，第三产业为 63.59%。日本在 1975 年达到用水量的峰值，当时第一产业占比为 5.68%，第二产业占比为 41.72%，第三产业为 52.60%。西班

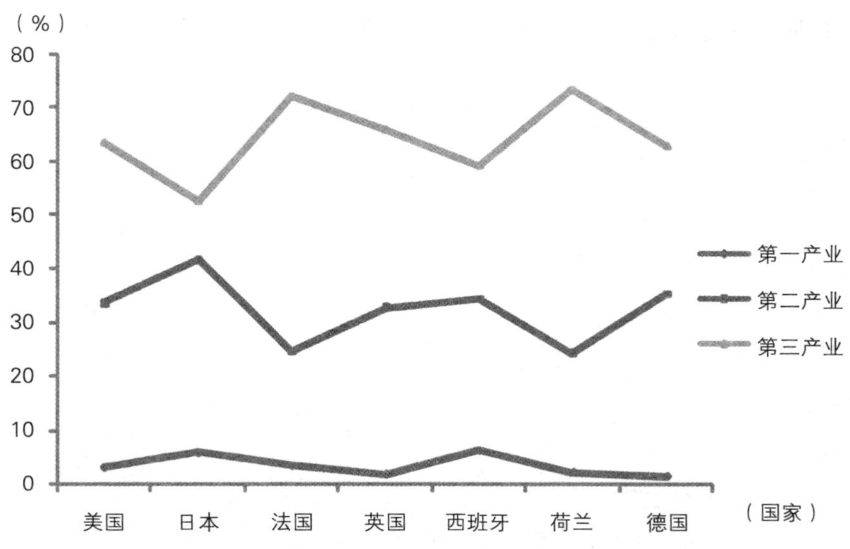

图 2–4　主要发达国家达到用水峰值时的产业结构占比情况

资料来源：根据 OECD 网站（http：//stats.oecd.org）统计数据整理而成。

牙在 1985 年达到用水峰值，当时第一产业占比为 6.18%，第二产业占比为 34.35%，第三产业为 59.47%。英国的情况也体现了类似的特征，其在 1991 年达到用水的峰值，当时的第一产业占比为 1.73%，第二产业占比为 32.71%，第三产业占比为 66.11%。

（三）用水结构变化规律的考察

用水结构的变化与产业结构变化密切相关，在剔除用水效率的影响后，一般工业用水与第二产业比重的变化密切相关，农业用水则与第一产业或灌溉面积直接相关，而生活用水则与人口数量密切相关。通过对 OECD 国家的不同用途用水量的统计显示，工业用水和农业用水大都经历了增长到稳定然后缓慢下降的过程（见图 2–5、图 2–6）。

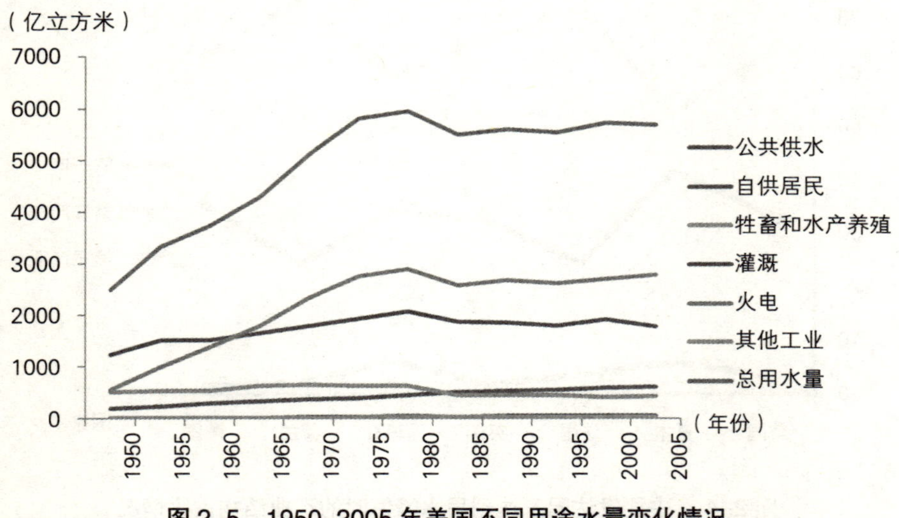

图 2–5　1950~2005 年美国不同用途水量变化情况

数据来源：根据美国地质调查局（USGS）公布数据换算而成。

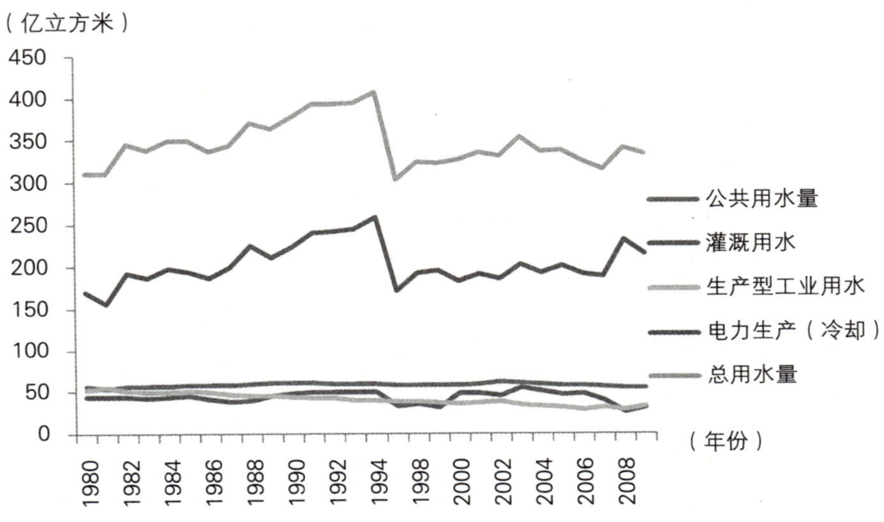

图 2–6　1980~2009 年法国不同用途水量变化情况

资料来源：根据 OECD 网站（http：//stats.oecd.org）统计数据整理而成。

其中，如表 2–2 所示，工业用水量达到峰值的时间往往与第二产业迅速下降的时间基本相符，通常滞后于第二产业比重达到最高的时间，农业用水量达到峰值的时间一般滞后于工业用水。生活用水一般随着人口的逐步增加，呈现出稳步上涨态势。

表 2–2　OECD 国家工业用水峰值时间及第二产业比重变化情况

国家	工业用水峰值时间	农业用水峰值时间	第二产业比重峰值时间	第二产业比重迅速下降的时间
奥地利	1985	稳定	—	1985
韩国	1992	2002	1997	1997

（续表）

国家	工业用水峰值时间	农业用水峰值时间	第二产业比重峰值时间	第二产业比重迅速下降的时间
澳大利亚	1982	2001	1971	1982
卢森堡	1975	1995	—	—
比利时	1985	2001	—	—
荷兰	1972	1995	—	—
加拿大	1994	1996	—	—
挪威	1985	2004	—	1985
捷克	1983	1990	—	—
波兰	1988	1990	—	—
丹麦	1987	1997	1987	1987
葡萄牙	1980	1995	—	—
芬兰	1972	稳定	—	—
斯洛伐克	1975	1990	—	—
法国	1989	1994	1965	1981
西班牙	1986	1985	—	—
德国	1989	1992	1962	1985
瑞典	1966	1994	—	—
匈牙利	1990	1992	1975	1990
瑞士	1985	—	—	—
以色列	1986	—	—	—
土耳其	1991	2004	—	—

（续表）

国家	工业用水峰值时间	农业用水峰值时间	第二产业比重峰值时间	第二产业比重迅速下降的时间
意大利	1981	—	1974	1983
英国	1985	1998	1950	1985
日本	1973	1997	1970	1973
美国	1981	1980	1957	1982

资料来源：工业用水数据摘自：贾绍凤等：“工业用水与经济发展的关系——用水库兹涅茨曲线”，载于《自然资源学报》2004 年第 3 期，其他数据根据 OECD 网站（http：//stats.oecd.org）统计数据整理而成。

（四）用水效率：总体呈现先低后高的特征，不同国家间的用水效率高低与水资源禀赋密切相关

一个国家用水效率与经济发展阶段有着直接的关系，通常而言，经济发展初期的用水较为粗放，经济发展到一定水平以后，用水效率会逐步提升。如图 2–7、图 2–8、图 2–9 所示，美国、法国和波兰的人均用水量和万元 GDP 用水量均呈现了先高后低的态势。但需要说明的是，不同国家间用水效率的高低，与经济发展水平不直接相关，而是与水资源的禀赋有着较为密切的关系。一般水资源丰富的国家，用水效率偏低，人均用水量就会越高。从图 2–7、图 2–8、图 2–9 中可以看出，美国的人均用水量和万元 GDP 远高于法国和波兰，这与美国的水资源相对丰富有关。

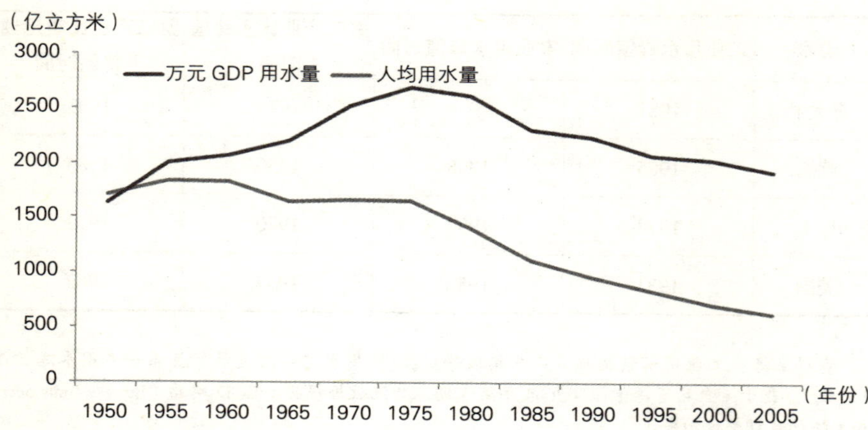

图 2-7　1950~2005 年美国用水效率变化情况

资料来源：根据 OECD 网站（http：//stats.oecd.org）统计数据整理而成。
注：GDP 为 1990 年国际元。

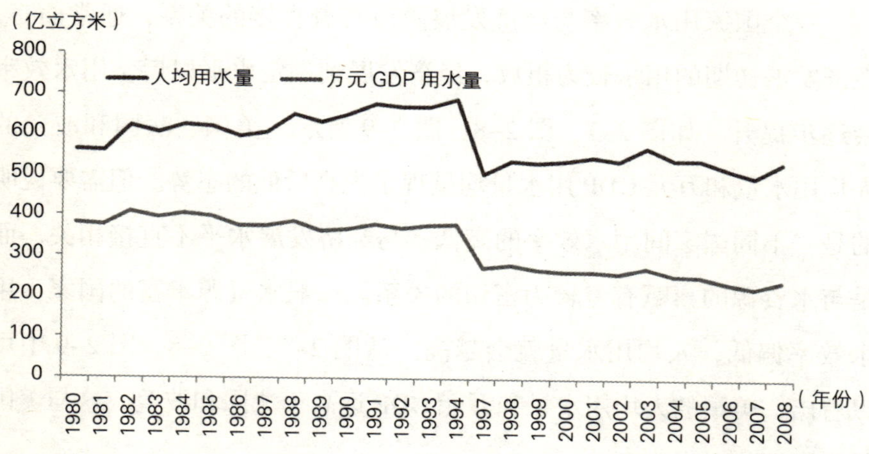

图 2-8　1980~2008 年法国用水效率变化情况

资料来源：根据 OECD 网站（http：//stats.oecd.org）统计数据整理而成。
注：GDP 为 1990 年国际元。

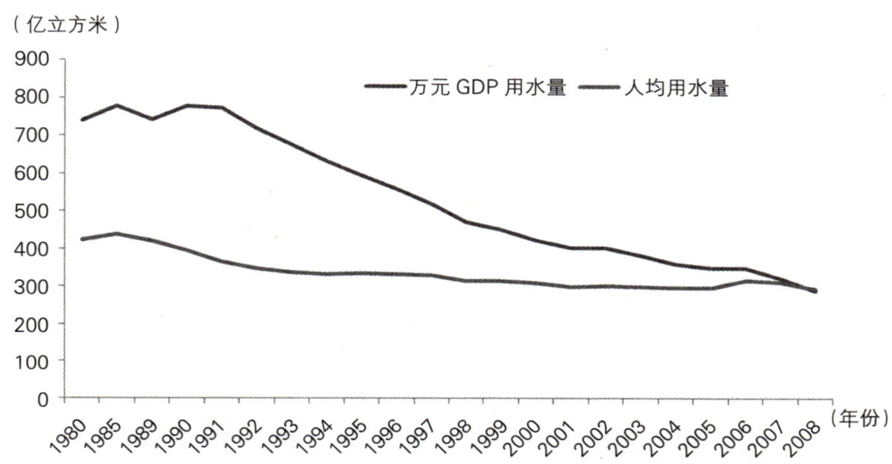

图 2-9　1980~2008 年波兰用水效率变化情况

资料来源：根据 OECD 网站（http：//stats.oecd.org）统计数据整理而成。
注：GDP 为 1990 年国际元。

二、对未来十年我国用水量基本态势的判断

（一）预计未来十年总用水量将会继续维持小幅上升态势

随着国家实行最严格水资源管理制度，以及相关节水政策的落实，我国用水效率将会持续提升，使得近几年的用水总量尽管每年都有小幅上升，但增速均有不同程度的放缓。在未来十年，这一缓慢上升态势不会发生改变。预计总用水量在 2023 年将会达到近 6700 亿立

方米（具体见图 2–10）。

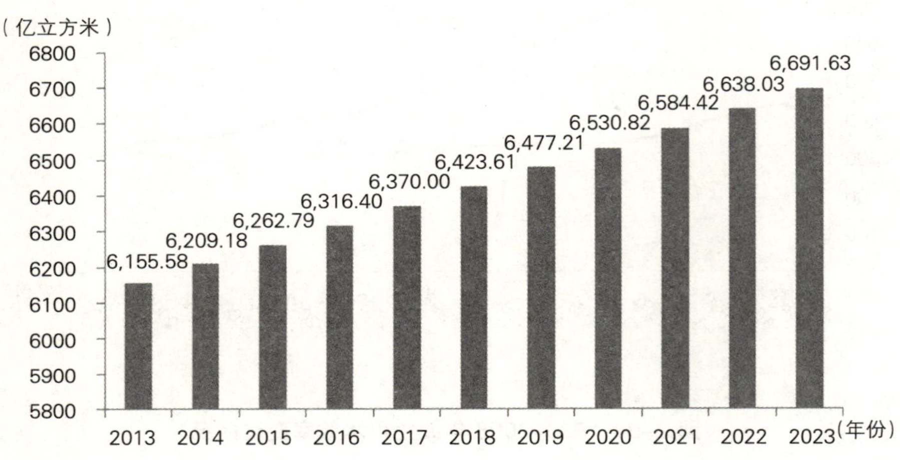

图 2–10　2013~2023 年中国总用水量的预测值

资料来源：作者预测。

（二）农业用水：短期内上下波动，长期节水效果会逐步显现，用水量会有所下降

农业用水主要受气候、实际灌溉面积以及实际灌溉亩均用水量。从以往的经验来看，1997 年以来中国农田有效灌溉面积不断增加，特别是近几年增长较快，每年约 100 万公顷，有效实灌面积也呈现出类似变化特征。与之相伴的是，农业用水效率也有了较大提高，实际灌溉亩均用水量从 1997 年的 492 立方米减少到 2012 年的 404 立方米，下降了近 20%，基本上处于相对稳定的阶段。综合来看，目前的农业

用水受气候等因素的影响，相对有所波动，但整体基本没有增长。估计未来十年期间，前半段的农业用水量可能还会上下波动，后半段随着农业节水受到更大的重视，用水量会有所降低。预计到2023年农业用水量会在3800亿立方米左右。

（三）工业用水：受政策影响较大，小幅增加后趋稳，此后会缓慢下降

从各方面用水来看，工业用水相对集中，新增用水和废水排放限制也相对较为严格，加之用水成本的增加，工矿企业的新增用水将会更少。从近十年工业用水的变化情况也可以看出，总量的增长幅度已非常小，个别年份曾出现减少态势（见图2-11）。节水型社会

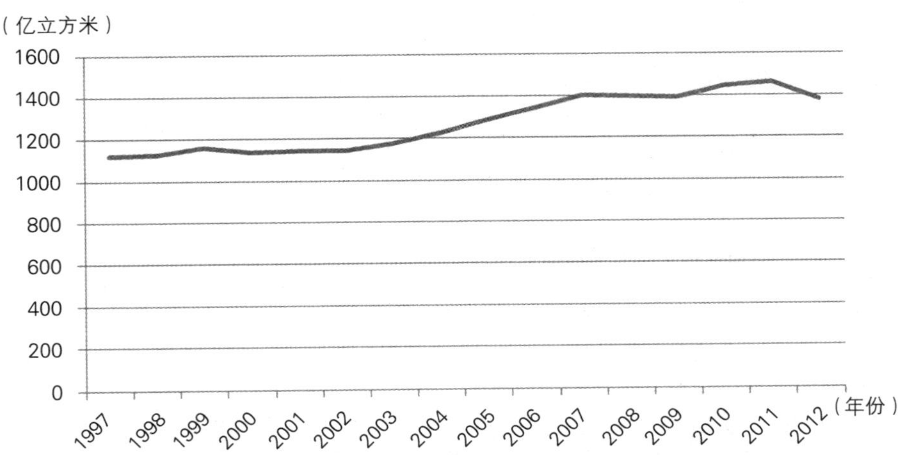

图2-11 1997~2012年中国工业用水量变化情况

资料来源：根据《中国水资源公报》数据整理而成。

“十二五”规划，也对工业用水提出了严格的限制，预计未来十年对新增工业用水的限制极为严格，促使工业企业加强水的循环利用，或转向中水和再生水的利用，估计工业用水将在“十三五”期间会达到用水高峰后，将会呈现逐步稳定并缓慢下降的态势，到2023年的工业用水量会稳定在1400亿~1500亿立方米左右。

（四）生活用水将维持稳步增长态势，城镇生活用水增长较为明显

据预测，未来十年中国的人口将继续稳定增加，城镇化率将会以每年近1个百分点的速度稳定上升，城镇生活用水也将会延续稳步上

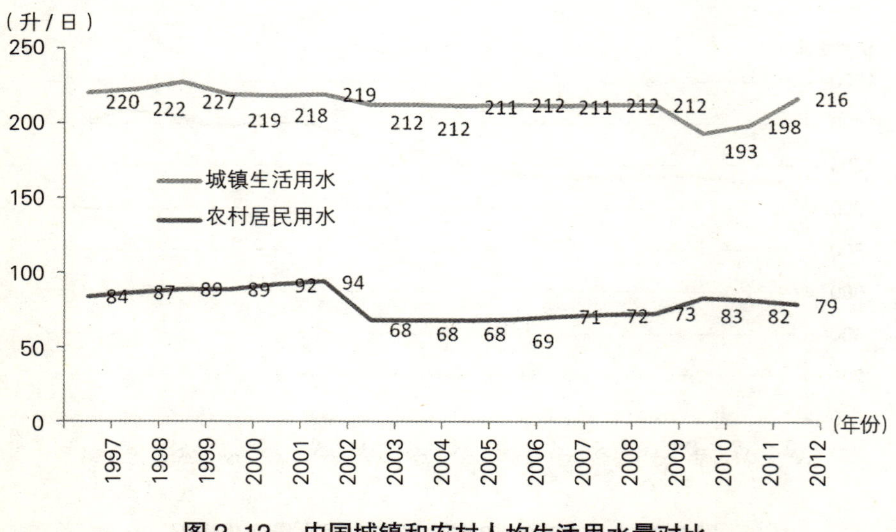

图2-12　中国城镇和农村人均生活用水量对比

资料来源：根据《中国水资源公报》数据整理而成。

升的态势。近十年，中国实际的生活用水量每年增加 15 亿 ~20 亿立方米，并且用水效率相对稳定，预计 2023 年的生活用水量将在 1000 亿立方米左右。

（五）生态环境用水未来将会有所增加

目前统计的生态环境用水仅包括人为措施供给的城镇环境用水和部分河湖、湿地补水。此部分用水占总用水的比重较小，并且受降水量的影响较大，近几年基本处于波动之中，没有明显的增加。预计未来几年，在供水紧张的情况下，环境用水的增长较小，此后将会有一个稳定的增长，2023 年此部分用水将会在 200~300 亿立方米左右。

三、主要结论

（一）未来十年水资源的供需矛盾仍将十分突出

从前面对中国用水总量的预测可以看出，未来十年，需水总量仍将继续增长，维持在 6000 多亿立方米的水平，在 2023 年将可能达到 6700 亿立方米左右的水平，而供水总量短期内不可能大幅增加，因此，未来十年，中国水资源的供需形势仍然相当严峻。

（二）提升用水效率，特别是农业用水效率将是缓解水资源供需矛盾的重中之重

从各种类型的用水来看，近几年，随着节水型社会的建设，工业用水效率已经有了较大提高，未来提升潜力相对较小。生活用水和生态用水所占比重较小，效率提高潜力也不大，而农业用水一直是中国的用水大户，并且效率一直处于较低水平。根据国际灌排委员会（ICID）的资料，美国节水灌溉面积达到其灌溉面积的57%，俄罗斯为78%，法国51%，以色列接近100%，而中国不到8%。不难看出中国在节水农业发展方面与发达国家的差距依然较大。

（三）注重再生水、云水、雨水、海水淡化等其他水源的利用，鼓励“适水适用”也是未来重要的努力方向

中国再生水等其他水源的利用一直推进较为缓慢，据统计，2011年，污水处理回用量为32.9亿立方米，集雨工程水量10.9亿立方米，海水淡化水量1.0亿立方米，占比不足1%，因此，未来十年应该注重这几类水源的开发利用，特别是一些工业用水中，要推进“适水适用”鼓励使用再生水和淡化海水等，避免直接取地表水和地下水等。另外，除了海水淡化利用外，鼓励海水直接利用也是缓解淡水资源缺乏的重要方式。据统计，2012年全国海水直接利用量已经达到663.1亿立方米，主要作为火（核）电的冷却用水，这都大大减少了淡水资源的消耗。

第 三 章

我国水价形成机制改革的思路与对策建议

一、我国水价政策的演变历程

我国水价改革伴着水资源短缺程度和国民经济发展阶段而逐步深化。中华人民共和国成立以来，我国的水价政策大致经历了以下几个发展阶段。

（一）价格无序阶段（1949~1978 年）

建国初期，由于经济社会发展较为落后，处于百废待兴阶段，政策也处于反复的变动中，水价也处于无序阶段。水价在这一阶段经历了跌宕起伏，并不是一成不变的公益性无偿用水，而是从解放初期的高水价政策，随着社会主义公有制改造的进行，城市自来水价格被大幅度下调，农村灌区水费在很多地区被取消。1962 年国家宏观政策进入调整时期，水价政策也得到了调整。1965 年国务院批准水利电力部制定了《水利工程水费征收使用和管理办法》，又恢复了有偿用水的提法，但受“文化大革命”影响，该办法未能在全国得以贯彻执行。

（二）重视成本核算的阶段（1978~2002 年）

十一届三中全会以来，水利的改革与发展发生了深刻的变化，由主要为农业服务逐步转变为服务于国民经济和社会发展，由计划体制下的运行机制，逐步向市场经济转变，水价政策也逐步恢复到根据经济核算考虑供水成本的原则上来。

1980 年 2 月 1 日，国务院下达《实行“划分收支，分级包干”财政管理体制的暂行规定》，国务院提出“所有水利工程的管理单位，凡有条件的要逐步实行企业管理，按制度收取水费，做到独立核算，自负盈亏”。1980 年，水利部组织了大型水利工程供水成本调查，在调查研究中首次提出了“水的商品属性”概念，为有偿供水奠定了理论基础。1984 年由水利部提交、1985 年国务院颁布的《水利工程水费核定、计收和管理办法》，要求在核算成本的基础上，根据各自的水资源条件和经济发展水平，实行分类、分地区和分工程制定水价。税费征收按照事业性收费的办法进行管理。1986 年以后，中国的水价政策从仅考虑工程成本及投资回收发展到包括水资源费和废水排放处理费的阶段。在自来水水价中加入污水处理费是从 1987 年国务院在《关于加快城市建设工作的通知》中明确提出承受城市排水设施使用费开始。1993 年 4 月 23 日，国家物价局、财政部印发了《关于征收城市排水设施使用费的通知》，规定“凡直接或间接向城市排水设施排放污水的企事业单位和个体经营者，应按规定向城市建设主管部门缴纳城市排水设施使用费”，“城市排水设施使用费具体征收标准，由省级城市建设行政主管部门提出意见，同级物价、财政部门核定”。1998 年国家计划委员会、建设部颁发的《城市供水价格管理办法》的规定，制定城市供水价格应遵循补偿成本、合理收益、节约用水、公平负担的原则。1999 年 9 月 6 日，国家计委、建设部和国家环保总局联合印发了《关于加大污水处理费的征收力度建立城市污水排放和集中处理良性运行机制的意见》，要求全国“各城市要在供水价格上加收污水处理费”，“污水处理费由城市供水企业在收取水费中一并征收”，“污水处理费标准，可以根据当地各方面的承受能力，分步到位”。污水排放处理费原则上应交给污水收集和处理的经营者作为其运营收入。到 20 世纪 90 年代后期，中国城市自来水价已普遍包括 4 个部分：水资源费、提供原水的工程水价、自来水加工水价和污水处理费。虽然水价还普遍偏低、没有反映水的真实价值，但其构成已经完成无缺。

（三）水价的逐步完善阶段（2002~2010 年）

2002 年新修订的《中华人民共和国水法》，对水工程供水水费的有关规定作了较大的补充和完善。修订后的水法第六条规定“国家鼓励单位和个人依法开发、利用水资源，并保护其合法权益。”第五十五条规定，“使用水工程供应的水，应当按照国家规定向供水单位缴纳水费。供水价格应当按照补偿成本、合理收益、优质优价、公平负担的原则确定。具体办法由省级以上人民政府价格主管部门会同同级水行政主管部门或其他供水行政主管部门依据职权制定。”第四十九条还规定，“用水应当计量，并按照批准的用水计划用水”，

“用水实行计量收费和超定额累进加价制度。”

为了更好地贯彻水法中关于水价的要求，2003年7月3日，国家发改委和水利部联合发布了《水利工程供水价格管理办法》，明确水利工程供水价格按照补偿成本、合理收益、优质优价、公平负担的原则制定，并正式把水费正名为水价。2004年国务院办公厅印发了《关于推进水价改革促进节约用水保护水资源的通知》，要求进一步提高水价以促进节约用水和保护水资源。2009年7月23日，国家发展改革委、住房城乡建设部联合下发了《关于做好城市供水价格管理工作有关问题的通知》要求，水价调整要以建立有利于促进节约用水、合理配置水资源和提高用水效率为核心的水价形成机制为目标，促进水资源的可持续利用；要合理把握水价调整的力度和时机，防止集中出台调价项目。水价矛盾积累较大的地区，要统筹安排，循序渐进，分步到位；要重点缓解污水处理费偏低问题，促进水污染防治和污水处理行业健康发展。随着这些政策法规的颁布和逐步落实，我国的水价制度也得到了逐步完善。

（四）深化改革的关键阶段（2011年以后）

党中央、国务院高度重视水价在转变经济发展方式的重要作用，尽管当前的水价制度，相对于以前有了明显进步，此前的改革也取得了明显的成效，但是当前的水价制度仍然存在许多有待完善的地方，与我国淡水资源的短缺态势仍不相符合，于是，2011年发布的《中共中央、国务院关于加快水利改革发展的决定》（2011年1号文件）明确要求：要积极推进水价改革，并提出了具体的方案，工业和服务业用水要逐步实行“超额累进加价”制度，拉开高耗水行业与其他行业的水价差价。城市居民生活用水价格则要合理调整，稳步推行“阶梯式水价”制度；对农民用水而言，要促进节约用水、降低水费支出、保障灌排工程良性运行的原则，推进“农业水价综合改革”，农业灌排工程运行管理费用由财政适当补助，探索实行农民定额内用水享受优惠水价、超定额用水累进加价的办法。这些都为未来水价形成机制的改革指明了重要方向。

二、现行水价政策存在的主要问题

（一）部分地区终端水价偏低，不利于提高用户节水意识

在我国，供水价格由政府制定，且鉴于水价关系到居民生活成本，水价相对较低，政府一直补贴较多。如果不考虑资源的稀缺程度和环境治理成本的需要，衡量一个国家水价的高低，一般使用两个指标：（1）水费支出占家庭平均支出的比重。国际经验，水费支出应占家庭支出的 2%。（2）与相关国家水价的比较。如果用此来衡量我国现行水价，无疑是严重偏低的。据调研统计，我国的水费支出在家庭平均支出中所占的比重基本在 0.5%~1% 之间。从国家比较看，截至 2008 年，每立方米水，德国为 3.01 美元，美国 0.74 美元，巴西 0.65 美元，日本、中国香港约为 3 美元，中国 0.31 美元。如果再考虑我国

水资源的匮乏程度和治理水污染、优化水环境的需要，则水价偏低的问题则更加突出。

过低的水价未真正反映其市场价值，一方面导致用水单位（户）普遍缺乏节水意识，水资源浪费严重，我国水资源的利用效率与国际先进水平相比有较大差距。2012 年，我国农业灌溉用水有效利用系数仅为 0.516，发达国家为 0.7~0.8；全国工业万元增加值用水量也明显高于发达国家；水的重复利用率仅为 50%，远低于发达国家的 80~90%。另一方面不利于水资源的持续开发利用。2004~2007 年，全国 31 个省、自治区、直辖市供水亏损的省份比例分别为 68.0%、61.0%、64.5% 和 54.8%：全国亏损总额各年度分别为 16.1 亿元、13.9 亿元、12.4 亿元和 14.8 亿元。并且这种亏损的态势一直没有得到改变。据国家统计局公布的工业企业主要经济效益指标数据显示，目前自来水生产和供应业的亏损企业约占 40%（具体参见图 3–1）。

（二）污水处理收费不到位，污水处理设施难以维持正常运转

尽管我国城市已经普遍实行了污水处理收费制度，但是污水处理费过低，加之收费不到位，特别是对企业的污水处理检测等问题严重影响了污水处理费的收取，致使资金难以到位，影响到污水处理设施的正常运转。根据国际经验：水价（自来水价格）= 水资源费 + 供水成本（城市管网、引水渠道的建设、维护成本）+ 污水处理费 + 税金 + 利润。其中：污水处理费≥水资源费 + 供水成本。据统计，我国

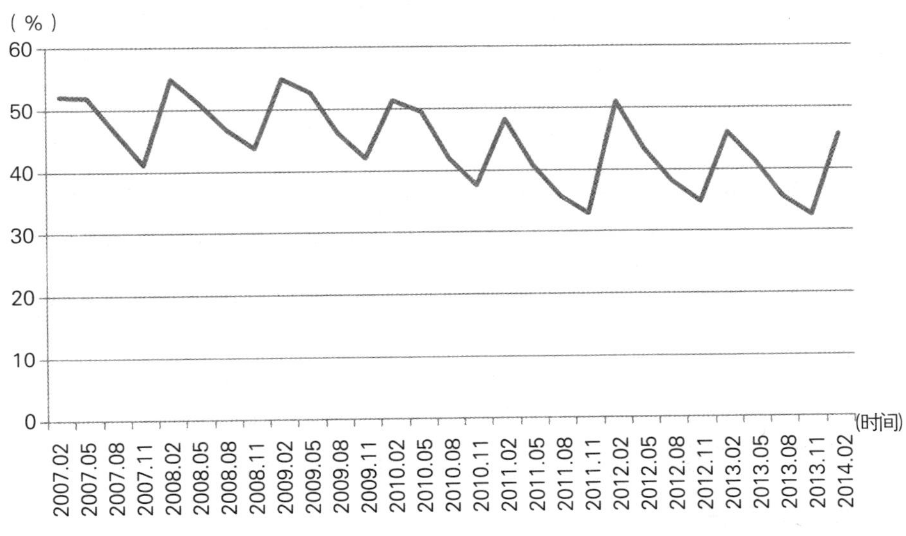

图 3-1　2007~2012 年自来水生产和供应业亏损企业占比情况

资料来源：Wind 资讯数据库。

污水处理的平均成本约为 1.1 元 / 吨（不包括管网建设和污泥处置成本），而截至 2011 年 2 月，对居民收取的污水处理费平均不足 0.71 元 / 吨，尚未达到国务院 2007 年《关于印发节能减排综合性工作方案的通知》中规定“污水处理费吨水原则上不低于 0.8 元”的要求。

（三）水资源费征收标准偏低，未反映水资源真实紧缺状况

如前所述，我国淡水资源仅占世界总量的 6%，人均水资源量仅为世界平均水平的 28%，是全球 13 个人均水资源最贫乏的国家之一。

现状我国年平均缺水 536 亿立方米，全国 657 个城市中有近 400 个城市缺水，其中 110 个城市严重缺水。我国从 1980 年就开始征收水资源费，但是各地水资源费标准不仅绝对水平低，而且与各地水价相比，比重也偏低，尚未真正反映我国水资源紧缺态势。根据 2005 年水利部对全国水资源费征收状况的普查，仅有北京市水资源费占综合水价比重超过 20%，鲁、甘、晋、苏等省在 10%~20% 之间，其余省市比例均低于 10%。

（四）行业水价比价关系和计征方式不合理，不利于水资源高效利用

首先，分产业用水量来看，农业是用水大户，2010 年农业用水占到 63.60%，而我国绝大部分地区农业供水普遍缺乏简易、经济和有效的计量设施，难以实行计量收费，多数实行按亩收费的办法；农业用水末级渠系终端水价管理混乱，中间加价和搭车收费现象严重。

其次，工业中的水价没有严格执行分行业、有差别性的水价政策，导致一些高耗水行业以较低的水价成本运行，严重影响了水资源的合理配置。

另外，对一些高耗水服务业，如洗浴中心、洗车场、滑雪场、高尔夫球场等项目，部分地区仍然没有实行差别化水价管理措施，即使一些地区实行了差别的水价政策，在执行过程中，由于准确计量设施和监管等不到位，导致盗水现象严重，失去了政策的实施意义。

最后，地表水、地下水、中水、污水等各类来水的比价也缺乏相

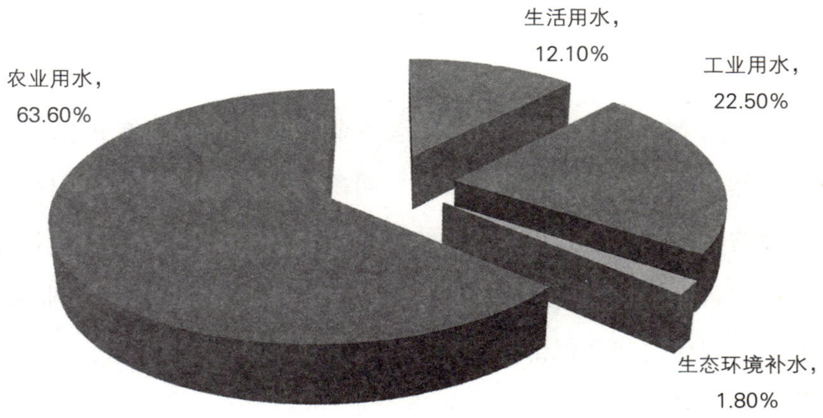

图 3–2　2012 年我国用水量结构图

资料来源：水利部《中国水资源公报 2012 年》。

应论证，导致不同来水源的比价极其不合理，严重影响了用水单位在不同来水源之间的合理调配。

（五）水资源全成本核算不到位，严重影响合理水价形成机制的建立

当前对水资源开发、利用、保护全过程的成本尚未准确核算，严重影响了水价形成机制的改革。具体表现在：一是成本核算项目缺失，对于一些项目如生态成本、社会成本等涉及较少；二是对于各个成本科目的核算标准偏低；三是对于某些成本核算的监管存在不足，导致成本核算不清，虚报成本等现象较多。

（六）多头治水问题突出，水价管理体制不顺

从源头到终端用户，水价应是一个完整、连贯、有机的价格体系。虽然 2002 年新修订的《水法》明确由水利行政主管部门行使统一管理的权力，但是目前部门分割管理仍然存在，如水利工程供水由水利部门进行行业管理，城市自来水由城市建设部门进行行业管理，另外，水利部门和环保部门在污染物排放控制、水质监测、饮用水源保护、水资源和水环境保护规划以及水环境功能区划等职能方面都存在着交叉。由于部门彼此间缺乏有效的沟通、协调，严重影响了水价的统一协调管理。

三、国外水价政策分析及主要启示

（一）国外水价主要类型划分

（1）边际成本水价。这种水价是基于水资源是有限的、为满足用户对水需求的增长，必须增加供水生产成本的基本思路。边际水价即是指供水生产者每多生产单位体积的水所需支付的追加成本，因而也称为效率水价。

（2）平均成本水价。即不区分用水先后顺序，按照工程总费用和总的供水生产能力确定平均供水成本，并以此作为供用水水价。

（3）受益水价。这种水价主要是基于边际效用理论提出的，它的

原理是按照一定的经济准则(如购水合同、水表尺寸等)，不仅使水价能够回收全部成本，而且通过对工程受益范围内征收受益税和土地改良增产税，实现用水户的用水收益与供水者的经济利益直接挂钩，因而，通常称之为受益水价。

（4）社会政治水价。又称补贴水价。这种水价是基于各国的宏观经济政策，针对水市场的特殊性和水行业的生产特点提出的。补贴水价是指工程的基建投资部分或全部由政府承担，用水户只需负担运行维护管理费用及部分基建投资的回收。供水生产单位也不需要承担回收工程全部或部分基建投资的任务，政府补贴投资部分一般通过税收等国民经济二次分配形式，实现对供水补贴投资的回收。

（二）典型国家的水价模式

一些国家在水资源定价过程中，进行了很多有益探索，鉴于各国社会经济发展水平不同，水资源赋存条件也存在较大差异，因此，各国实行的水价制度也不尽相同，形成了一些有特色的水资源定价机制，给我国水价形成机制改革提供了重要借鉴。其中比较有代表性的如下。

1. 美国根据区域水资源丰欠程度采取不同类型的定价机制

在东部一些水资源丰沛地区实行分段递减收费制度，对于大水量用户实行较低水价，促进水资源销售利用，用水越多，费率越低，从而有助于回收供水的固定投资成本。其中居民生活用水一般采用全成本定价模式，农业灌溉用水采用“服务成本[①]+ 用户承受能力”定价模式。在西部水资源紧缺地区，如加利福尼亚州，主要以服务成本定价模式和完全市场定价模式为主。美国市场化程度比较高，在制定水价时，一般是按单个工程定价，每个工程分别制定各自的水价。联邦供水工程实行“服务成本 + 用户承受能力”定价模式，农业水价是还本不付息水价。

2. 英国的全成本水资源定价模式

在英国，农业因全国降水丰沛且年内分配比较均匀，基本上不需灌溉，灌溉用水量仅占全国总用水量的 0.3%，工业和城市生活用水占 99.7%。据此，在市场经济发育相对成熟、法规体系较为完善且工业化程度很高的背景下，英国的水价（包括居民生活、工业和农业灌溉用水）制定是在充分考虑用户承受能力的基础上，完全按市场经济条件下“投入—产出”模式进行运作，以确保回收成本，并有适度盈余，而政府只是通过对水价设定价格上限（一般每 5 年审定调整一次），进行宏观调控。英国采用的全成本定价模式，水费由水资源费和供水系统的服务费用两部分构成，后者具体包括供水水费、排污费、地面排水费和环境服务费。

3. 法国的“双费”水价制度

法国的水价实行包括水费和水税的双费制度，水费主要是用户享

① 服务成本包括投资成本、管理成本以及运行维护成本等用于水资源生产的成本。当拥有公共事业的投资者同时又是供水者时，投资回报也应包含在价格构成中。

受不同标准的供水服务应付的费用，水税则带有税的强制性质和宏观调控作用。水费包括供水费（即与供水设施设备有关的建设、运行及维护费用，用户管理和水质管理的费用等）和污水处理费（即收集、处理和排放污水的费用等）。水税主要用于补偿水环境改善、农村供水系统开发等方面的投资支出，包括取水税、污染税、国家供水系统开发基金、增值税等税项。其中，污水处理费和税费由国家及有关管理部门制定，供水费由市镇制定。居民生活用水采用“边际成本 + 承受能力”定价模式，工业用水和农业灌溉用水采用“服务成本 + 承受能力”定价模式。其基本要求是水资源定价必须保证回收成本并有适当盈余。

4. 印度按照产业和用途制定差别水价

印度的水价分为非农业水价和农业水价。非农业用水中的商业和工业用水，采用服务成本定价模式，家庭用水和农业灌溉水价采用用户承受能力定价模式；农业灌溉水价的制定和征收由各邦政府负责，灌溉水费与灌溉工程的运行和维护费用之间没有直接联系。

5. 菲律宾实行城乡有区别的水价制度

菲律宾的城市供水执行社会化水价政策，把大部分水费转嫁给富人，转给用水大户，城市居民用水按基本生活水费和商品水费收费，采取“服务成本 + 用户承受能力”定价模式。农业灌溉水价完全采取用户承受能力定价模式，以工程运行维护费为计算基础。

6. 以色列实行全国统一水价制度

以色列实行全国统一水价，通过建立补偿基金（通过对用户用水配额实行征税筹措）对不同地区进行水费补贴。农业生产用水量大，为鼓励农民节约用水，政府给农民用水规定了阶梯价格：在用水额度60% 以内水价最低，用水量超过额度 80% 以上水价最高。同时不同部门的供水实行不同的价格，用较高的水价和严格的奖罚措施促进节水灌溉。

四、加快推进水价形成机制改革的基本原则与思路

（一）水价改革的基本原则

1. 水资源的高效配置原则

合理的水价是提高水资源配置水平的重要手段，也是保障水资源的可持续发展和利用的重要手段。自然水资源量具有客观有限性，针对我国淡水资源短缺的现实状况，水价的制定必须要注重水资源的可持续利用，通过水价的改革，鼓励水资源的循环利用，切实提高水资源的利用效率。

2. 要充分体现差异化的原则

一是我国的水资源地区分布不平均，全国水资源总量（地表水资源量和地下水资源量之和扣除二者之间的重复计算水量 7194 亿立方

米）为 28412 亿立方米，折合产水深 299 毫米。其中北方地区国土面积、人口、耕地面积和 GDP 分别占全国的 64%、46%、60% 和 45%，但其水资源总量为 5267 亿立方米，仅占全国的 19%，其中黄河、淮河、海河 3 个水资源一级区水资源总量合计仅占全国的 7%，人均水资源占有量不足 450 立方米。南方地区为 23145 亿立方米，占全国的 81%。二是各个行业在用水方式和用水效率上也有着巨大的差异，在水价改革中也要充分予以考虑。

3. 保障成本适当回收的原则

一般来讲，水价要包括成本和适当的利润，适当的利润是保障供水企业维持长期可持续发展的重要收入来源，长期以来我国水价过低，长期低于成本的价格供水，从而使得我国供水行业长期处于亏损的境况，供水设施难以得到经常维护，因此，在制定水价时要充分考虑对供水工程全过程的成本的回收，以保障水利工程的建设投资、运行管理费用得到回收，并能有足够的资金来维护运行管理与设备更新等。

4. 充分考虑用水户的承受能力

水与人类生产息息相关。是人类必需的生活资料，是社会发展必不可少、无可替代的物质基础，因此，水价是否合理就会对国家经济社会发展和人民生活有全局性和决定性的作用。因此，在制定水价时，要充分考虑用水单位的承受能力，特别是要考虑农业用水、居民生活用水以及一些鼓励发展的行业用水的单位（户）的承受能力，保障人民生活和生产的基本需求。

（二）改革的基本思路：倡导建立全成本核算为基础的差别化水价形成机制

《中共中央、国务院关于加快水利改革发展的决定》明确提出到2020年基本建立起“有利于水资源节约和合理配置的水价形成机制”的目标，为此，在借鉴国外经验基础上，立足我国国情和水情，为了促进加快转变经济发展方式的需要，未来我国水价改革应该倡导建立全成本核算为基础的差别化水价形成机制，即在对水资源开发、利用和保护的全过程进行全成本核算的基础上，按照水源类型、用途类型、区域类型、用水效率等实行差别定价。具体而言，全成本核算是基础，差别化是手段，其主要内容包括以下几条。

1. 加快推进全成本核算，为水价改革奠定良好基础

成本是制定价格的基础，在进行水价改革时，首先要对水资源开发、利用和保护全过程的成本进行准确核算，为水价改革提供基本的定价基础。当前我国对于全过程成本核算不到位，严重影响了未来水价形成机制的改革，因此要加快推进水资源的全成本核算。

（1）明确成本核算的科目。要求认真全面分析从水资源开发、利用、保护整个过程中所涉及的各种成本科目（具体至少应包括水源建设、供水、配水、节水和污水处理及回用等）进行较为全面的分析和界定，确定最终的核算科目。

（2）规范各项成本的核算办法。在确定成本核算科目的基础上，针对每个核算科目，制定相关的费用核算办法、各个指标的参考标准以及动态调节机制等，建立完善的成本考核指标体系，为全成本核算提供实施办法。

2. 加快推进差别化定价，发挥水价在水资源优化配置中的作用

（1）加快推行水源差别化定价机制。以雨水、再生水、淡化海水和市政自来水等多水源分别定价为基本原则，加强成本论证，合理调整不同类型水源的比价关系，促进用水单位在不同来水间的优化配置。

（2）加快推行用途差别化定价机制。由于水资源利用具有多样性的特征，应根据不同的用途，诸如居民生活用水、工业用水、农业用水、服务行业用水等实行差别化定价方式。如居民生活用水主要是起到保障居民基本生活的作用，其价格不应过高，要充分考虑居民的基本承受能力；工业用水、服务行业用水作为一种生产资料，应根据供水成本和市场供求变化适时对价格做出调整，以充分体现水资源的商品属性；农业是关系国计民生的基础产业，并且农民对于水价的承受能力相对较低，制定农业水价时，要充分考虑我国农业用水户的承受能力，应当通过政府补贴等多种手段将其控制在合理可承受的范围之内。

（3）加快推行区域差别化定价机制。由于我国地域广阔，各个地区的水资源禀赋条件有着较大差异，水资源定价时必须考虑不同地区水资源禀赋的差异，使价格能“因地制宜”地反映当地水资源状况。可以借鉴美国的方式，根据区域水资源丰欠程度采取不同类型的定价机制，对于水资源较为丰富的地区实行鼓励使用的定价机制，对于水资源缺乏的地区实行限制使用的定价，促进水资源的高效利用。

（4）加快推行效率差别化定价机制。为了提高水资源的利用效率，可以将水资源的利用效率（考虑以单位产值的水耗作为考核指标）作为水资源定价的重要根据，对于水资源利用效率较高的企业可以实行相对较低的水价，对于水资源利用效率较低的企业可以实行较高的水价，激励用水企业提高自身的用水效率。当前可以先在同行业内进行水资源利用效率的比较，设定参考标准，对于没有达到标准的企业进行重点监管，择机实行较高的水价。

专栏 1　常用的水价格制定方法

1. 常规水价格制定方法

通常采用的水价格制定方法包括：边际成本定价法、计划定价法等。

（1）边际成本定价法。边际成本是指增加单位水量所引起的总供水成本的增加量。边际成本一般分为两类，即短期边际成本和长期边际成本。

短期边际成本假定现存资金的机会成本是零。如果不用于供水工程，短期内没有别的用途。同时假定供水工程存在额外容量，用水需求增加不必去修建新的工程。额外生产每单位水增加的边际成本是劳动力、化学药品和能源的边际单位成本。

长期边际成本定价考虑长期（5 至 10 年）情况。现有供水能力将不能满足用水需求的增加，要求投资新建供水工程。若这些资金不投入水资源开发项目，将被用于其他领域。

（2）计划定价法。计划定价法又称为指令性定价法，水价格完全由政府有关部门制定。“由于没有收集和评价水项目的经济运行状况，价格很少是基于准确的成本数据。在这种方法指导下，水资源的分配不是经济问题，而是政治问题，结果导致水价格扭曲”。

2. 可持续发展的水价格制定方法

主要有边际机会成本定价法、全成本定价法。

（1）边际机会成本定价法。边际机会成本定价法是指在其他条件相同时，把一定的水资源用于某种用途所放弃的用于其他用途时所能获得的最大收益。机会成本不仅包括财务成本，还包括生产者在尽可能有效利用财务成本时所代表的生产要素（包括劳动力、资本金和水资源）时所能够得到的利润。主要包括三部分：边际使用成本、边际生产成本、边际外部成本（边际社会成本或边际环境成本）。

（2）全成本定价法。由于供水产业独特的区域性和垄断性，水商品定价的依据主要是成本。这个成本应当包括水资源开发利用全过程的总成本，如勘测调查、规划设计、施工、运行、管理等费用，也包括污水处理费用，并由此确定需要由用水者支付的总成本。全成本定价法是通过把水商品生产过程的全部外部成本内部化，并转嫁给资源消耗者和污染制造者，以弥补个体成本和社会成本之间的差距。全成本定价法必须考虑资源稀缺性成本和环境恶化的全部损失。

五、保障水价形成机制顺利实施的配套制度分析

（一）加快推进全成本核算的相关配套制度建设

1. 进一步完善相关的管理办法，加大成本核算的执行力度

针对虚报成本等不合理现象，一方面，要强化已有管理办法的执行，加大对成本和财务监督检查的力度。近年来，国家已经颁布了一系列相关文件：2004 年国家发改委和水利部联合颁布的《水利工程供水价格管理办法》、2006 年国家发改委和水利部联合颁布的《水利工程供水定价成本监审办法》、2007 年水利部颁布的《水利工程供水价格核算规范》，2010 年国家发改委颁布的《关于做好城市供水价格调整成本公开试点工作的指导意见》和《城市供水定价成本监审办法（试行）》，取得了较好的效果，应该继续加以强化执行，做好相关供水成本的核算工作；另一方面，要做好其他缺失成本核算科目的管理与监管核算办法的制定，完善核算管理办法体系，为其他成本的核算提供监管依据。

2. 做好成本监管的其他配套制度建设

（1）建立水资源相关企业成本的定期监审制度，以便能够及时准确掌握企业成本的构成和变化情况，避免成本和价格不合理上涨，同时也可以防止出现由于外部情况变化导致企业产生严重亏损的情形。

（2）要求企业内部强化约束，加强成本管理，建立完整、真实的成本台账，为价格制定和调整提供详实的基础资料。

（3）健全价格听证制度。适当提高负责任、懂专业的专家型代表的比例，增强价格听证的公信力，并且要提高听证会的公开程度，确定听证结果的法律效力，以便鼓励与引导持续、广泛并有实质性的公众参与。

（4）建立健全信息公开制度，要求水资源行业相关单位定期公布经营状况和成本信息等措施，使成本透明化，并接受社会监督。

3．积极引入竞争机制，增强成本的真实性

由于没有一个社会平均成本作为参照和比较，加之行业缺乏竞争，往往会产生个别企业的成本表现为整个行业的平均成本的情形。为了促进成本的有效监管，应引入竞争机制来敦促发现真实成本，从而为全成本核算提供更为可靠的参考标准。具体应根据水源开发、供水以及污水处理等全过程的不同分段，实行不同的管控机制，在一些领域，如城市自来水的生产供应、污水处理、水利工程建设等，要加快市场化进程，吸引社会资金的进入，通过竞争刺激企业降低成本，促进水价能够真实体现市场供求。

（二）加快实施差别化水价的相关配套制度与设施建设

（1）加强水价影响力和用水单位价格承受能力等相关基础性研究，保证水价调整在用水单位可承受的范围内，最大程度降低水价改革带来的负面影响。

（2）加快完善水价的调整机制。针对不同的区域、用途、水资源

类型，要加快改变目前较为单一的从量计价方式，实行不同的计价办法，如推行阶梯式水价、两部制水价、峰谷水价、季节水价、超额累进水价等不同计价方式，通过对用户消费行为的影响来达到优化水资源配置、促进水资源有效利用的作用，以实现经济效益和社会效益的最大化。

专栏 2 水费计收的主要方式

1. 计量水价。也叫单一计量水价，是按照用水量的大小，按方计收水费，每一单位用水的价格都相同。这是目前我国在城市生活用水中普遍实施的水费征收方式，比较简单易算，收费易于执行。但从供水成本考虑，由于单位水量间供水成本的差别，单一计量水价存在不同用水量的用户间的互相补贴问题。

2. 基本水价。是指不考虑用水量变化，用户按照用水规模（未安装水表地区的居民生活用水一般按家庭人口数、农业用水按耕地面积）定期支付一定的费用，故又称固定水价或容量水价，是制定浮动水价、季节性水价、高峰水价等的基础。由于价格结构单一，征收较方便，目前在农业用水中应用较普遍。但此收费方式的最大问题是用水浪费严重。

3. 两部制水价。两部制水价是把计量水价和基本水价结合起来的一种水费计收办法。在某一用水量以下，无论供水多少或是否供水，收费都按固定的基数（农业按受益面积计，工业、生活及其他用水按保证水量计）执行，不随用水量的变化而变化，类似于电话月租费；而超过此用水量，将按方计费。两部制水价不仅可保证供水企业有一固定的收入，同时也可有效限制用水。

4. 阶梯水价。它是根据不同用水量的级别制定水价，主要有递减水价和递增水价两种情况。在制定阶梯水价时，供水部门及用水部门首先要根据当地水资源分布情况和区域经济与文明建设情况，研究制定科学的用水标准，确定定额用水量。

5. 季节性水价。指按季节来水不同而制定的水价。由于季节水价能比较灵活地反映供求和成本的变化，促使企业及时调整生产和改善管理。我国小部分地区已开始实施季节性水价。

6. 高峰水价。指预测自然水荒、非正常干旱时期，水库蓄水量迫降而又适逢大量用水，该时期所制定的高峰用水水价。

7. 浮动水价。指非市场调节，而由物价管理机构据水价制定原则，规定高于或低于某“固定”水价的变化范围。

（3）尽快制定区域、行业和用水效率指标体系，建立各区域、行业的指导标准，为执行差别化水价提供依据。

（4）注重水量水质监测能力建设，特别是要加快在线监测设施和高精度水表等量水设施的建设，为执行差别化水价提供设施保障，提升差别化水价的实施效果。

（5）在注重自来水管道建设的同时，加快中水和污水等其他供水管道的建设，力促形成不同来水源的供应格局，为用水单位在不同来水源间的优化配置提供条件。

（6）建立水价管理责任和考核制度，提升监管力度，更加有力保证差别化定价机制的有效执行。

（三）建立灵活的水价管理制度

1. 准确划分政府和市场的责任，建立合理的水价调控机制

根据从水源到终端用户的全过程中的不同分段，执行不同的价格调控方式。水价具有公共物品的特性，并且水资源是关系国计民生的重要战略性资源，政府的宏观调控作用不可缺少，同时为了提高水资源的利用效率和成本的有效控制，引入竞争机制也至关重要。当前应该实行必要的政府管制和市场机制相结合的价格形成机制，对于从水源到供水终端的全过程，应根据分段不同，实行不同的管理调控机制。如城市供水、污水处理、一些水利工程建设等行业应该打破垄断，加快市场化进程，引入竞争机制，吸引社会资金的进入，刺激企业降低成本，政府仅仅强化监督管理作用，利于水价能够真实体现市场的供求和成本的分摊。在一些水源保护、终端水价制定等过程要强调政府调控管理的作用，保证水价制定过程中的公平与效率的均衡。

2. 继续推进水资源管理体制一体化改革，更有效地保障水价形成机制的推行

为了更有效地推行全成本核算为基础的差别化水价形成机制，针对当前水资源管理部门仍然存在交叉的管理体制，应该继续强化推进水资源一体化管理体制改革，确定由一个部门主导，把水源建设、供水、配水、节水和污水处理及回用等水资源开发、利用和保护全过程

实行一体化管理，其他相关部门主要承担监督职能，从根本上解决水资源管理职责交叉、地面水与地下水分割、水量与水质分割等问题，实现水资源管理空间与时间的统一、质与量的统一、节约与保护的统一，为水价形成机制的改革与实施提供更有力的保障。

第 四 章

关于完善

我国水资源费制度的对策建议

水资源费主要指对城市中取水的单位征收的费用。实行水资源费制度是我国有效应对水资源短缺局面，促进水资源节约、保护和合理开发的重要手段。我国从 1980 年开始征收水资源费，近年来，全国范围内水资源费征收工作进展较快，但是我国的水资源费制度存在着征收标准偏低及征收、使用和管理不规范等问题，严重影响到水资源费制度的实施和作用的有效发挥。

一、尽快规范我国水资源费征收标准

近期国务院发布的《关于实行最严格水资源管理制度意见》（国发〔2012〕3 号），明确指出“严格水资源有偿使用。合理调整水资源费征收标准，扩大征收范围，严格水资源费征收、使用和管理”。今年《政府工作报告》进一步明确提出了“合理制定和调整各地水资源费征收标准”的目标和要求。

（一）水资源费征收标准不合理，严重影响水资源费制度的有效实施

随着 2002 年《水法》修订以及《取水许可和水资源费征收管理条例》（国务院令第 460 号，以下简称《条例》）和《水资源费征收使用管理办法》（财综［2008］79 号，以下简称《管理办法》）的先后出台，水资源费征收管理工作取得了较明显进展，全国 31 个省、区、市也都出台了水资源费征收管理办法，确定了水资源的征收标准并开始征收水资源费，但水资源费征收标准仍存在一些亟待解决的问题。

第一，征收标准普遍偏低。水资源费征收标准整体处于较低水平，全国水资源费占综合水价比例不到 5%，未能真实反映资源紧缺状况。部分地区水资源费征收标准过低，甚至只是“象征性”征收，与当地水资源条件和经济发展水平严重不符。据统计，除北京、天津、山西和山东等地水资源费标准超过 1 元 / 立方米外，大部分地区水资源费标准在 0.20 元 / 立方米以下，江西省生活用水地表水水资源费和工业用水地下水水资源费仅分别为 0.01 元 / 立方米和 0.025 元 / 立方米。

第二，征收标准的结构设计尚不科学。从各地制定的水资源费征收标准来看，现行征收标准基本上都是单一的、静态的，通常只是对工业、农业和生活用水等按水源类型（地表水、地下水等）以不同标准收取，即按每立方米收取一定的不变金额，而没有考虑到不同季节、不同地区和不同水质的差异性。

第三，征收标准的调整机制还需规范。尽管各个省、区、市都已

明确水资源费征收标准，但未对征收基准的调整做出明确规定，致使征收标准调整较为混乱。据调查，个别地区的水资源费征收标准仍然沿用十几年前的标准，未作及时调整；与此同时，还有一些地区则因为近年来标准调整过于频繁，用户难以接受，导致征收工作难以推进。

（二）加强国家对各省、区、市水资源费征收标准的指导，改变征收标准不合理的局面

1. 以水资源流域和区域分布特征为基本参照，建立国家层面的水资源费征收标准分类指导体系，为各地调整标准提供参考指导

目前《条例》和《管理办法》均未对征收标准的确定方法做出具体规定，也没有相对规范的测算办法，致使各地征收标准制定存在较大盲目性，加剧了征收标准的不合理。为此，应从国家层面建立水资源费征收标准的指导体系。基于我国水资源空间分布不均衡的基本特性，可依据《全国重要江河湖泊水功能区划（2011~2030）》的水功能区划，尽快出台一级水功能区中的1133个开发利用区的水资源费征收指导标准，对处于同一分布特征的区域确定相同或相近的水资源费征收指导标准。条件成熟时可逐步细化到二级水功能区（共2738个）。分类指导体系应至少包括：一是区域内不同水源（地下水、地表水等）的征收指导标准。二是区域内不同取水用途（自来水、生活自备水、工业自备水，农业、火电、水力发电用水等）的征收指导标

准。三是确定区域水资源费最低限价标准，杜绝当前“象征性”收取水资源费的现象。

2. 明确水资源费征收标准的调整机制，保证标准及其调整的科学透明和有章可循

为保证征收标准更加科学合理，应该建立水资源费征收标准的动态调整机制。一是实行季节调整办法。根据丰枯水季的不同，借鉴当前实行的峰谷电价的操作办法，以近 5~10 年降水量的季节变化为基础，确定征收标准的季节波动幅度，使枯水季征收标准高于丰水季。二是鼓励各地在正常标准范围内，实行超计划、超定额累进加价制度，对超出基数部分实行征收阶梯式费率。三是确定征收基准调整的一般频率。针对当前有的地区征收标准长期未作调整，而有的地区近年来调整过于频繁的不合理现象，可以规定水资源费基准调整的一般频率（如每 2~3 年调整 1 次等）。这样，既可以使水资源费征收标准的变化在用户合理的承受范围内，又能及时反映水资源的实际供需状况。

3. 进一步规范水资源费征收标准的制定程序，加强国家对各省、市、区制定水资源费征收标准的指导

根据《条例》和《管理办法》，除中央直属的以及跨省、自治区、直辖市的水利工程的水资源费以外，其他水资源费都是由各省、自治区、直辖市价格主管部门会同同级财政部门、水行政主管部门制定，报本级人民政府批准，并报国家发展改革委、财政部和水利部备案。

这种做法使得国家对地方政府制定的征收标准，缺乏必要的监管与指导权力。建议各省、自治区、直辖市制定、调整的水资源费标准方案在正式出台前，应当征求水利部和国家发改委的意见，以利于地方出台的标准与相邻地区和国家制定的标准相衔接，防止地方制定的收费标准在同一地区对同类用户有歧视性的规定，同时也防止地区自行制定的水资源费过低，不利于水资源的节约与保护。

二、加强我国水资源费征收、使用和管理

国务院发布的《关于实行最严格水资源管理制度意见》（国发〔2012〕3 号），明确提出以“三条红线”为主要内涵的最严格水资源管理制度，并指出“严格水资源有偿使用。合理调整水资源费征收标准，扩大征收范围，严格水资源费征收、使用和管理”。然而，水资源费征收、使用和管理还存在诸多问题，迫切需要改革和规范。

（一）水资源费征收、使用和管理存在的主要问题

水资源费征收、使用和管理，是我国有效应对水资源短缺局面，促进水资源节约、保护和合理开发的重要手段。随着 2002 年《水法》修订以及《取水许可和水资源费征收管理条例》（国务院令第 460 号，以下简称《条例》）和《水资源费征收使用管理办法》（财综［2008］79 号，以下简称《管理办法》）的先后出台，水资源费征收管理工作

取得了较为明显的进展，全国 31 个省、市、区也都出台了水资源费征收管理办法并开始征收水资源费，但水资源费征收、使用和管理仍存在一些亟待解决的问题。

1. 征收范围基本限于非农行业，约占用水总量 2/3 的农业用水水资源费征收滞后

占用水总量 2/3 的农业用水一直较为粗放、浪费严重，大水漫灌现象十分普遍。但同时，农田灌溉用水多免征、缓征或限额征收水资源费。例如，《江西省水资源费征收管理办法》规定，农田灌溉取水暂不征收水资源费；根据内蒙古《水资源费征收标准及相关规定》，农牧业灌溉用水在用水计划指标或用水定额范围内的，免征水资源费。

2. 征收体制仍未理顺，多头征收现象依然存在

《管理办法》明确规定水资源费由县级以上的地方水行政主管部门按照取水审批权限负责征收。其中，由流域管理机构审批取水的，水资源费由取水口所在地省、自治区、直辖市水行政主管部门代为征收。然而调研发现，各地水资源费征收主体过多的局面尚未得到根本改变，很多省区市水资源费由水行政主管部门、城建部门、供水公司等多头征收，部门相互间管理协调难度较大，影响了征收制度的落实。

3．实际征收率偏低，不能充分发挥水资源费全面推进节水保水的作用

由于用水户缺乏缴费意识，地方行政干预致使随意减免现象较多，部分省市计量设施安装率低等多种原因，当前水资源费实际征收率处于较低水平。据有关统计，大部分省份的征收率低于70%。例如，湖南省省级水资源费实收率约70%，市县级实收率45%；辽宁省水资源费收取率为35%，自来水公司水资源费收取率仅为18%。

4．使用管理不规范，未能真正实现“取之于水，用之于水”

根据《条例》，水资源费专项用于水资源的节约、保护和管理，也可以用于水资源的合理开发；《管理办法》进一步明确界定了具体使用范围。然而实际工作中未完全做到专款专用，超出了《管理办法》界定的使用范围，如行政、事业费占据较大比重，甚至有的地方将水行政执法人员的交通通讯工具费及福利、保险等正常的行政管理活动经费也都用水资源费来支出。据水利部不完全统计，2010年全国共使用水资源费47.9亿元，其中用于日常管理（包括行政、事业费等）10.8亿元，基础工作7.7亿元，水资源保护4.5亿元，节约用水3.4亿元，开发利用4.4亿元，其他工作17.1亿元。

（二）改进和完善水资源费征收、使用和管理的政策建议

1. 改减免为补贴，尽快实现水资源费征收的全覆盖

目前除农业用水外，基本都已按规定征收水资源费。国家考虑到农民承受力较低等因素，对农业用水的水资源费征收主要分为不缴、免缴和低标准缴纳三种情形。但减免措施不利于培养全民节约和保护水资源的意识，严重影响到水资源利用效率的提高。其实，征收水资源费，是国家作为公共管理者和资源所有人，对有限自然资源开发利用进行调节的一种经济管理措施，其实质是有限水资源的资源价格。因此，水资源费的性质决定了应征收农业水资源费。为此建议逐步扩大水资源费的征收范围，力争尽快实现水资源费征收范围的全覆盖。对于承受能力较低的用户，特别是农业用水户，可以采取明确的财政补贴形式，在不增加农民生活负担的基础上，培养全民水资源有偿使用的意识。

2. 尽力提高水资源费的征收率，实现水资源有偿使用制度的广覆盖

一是针对目前存在的水资源费由水行政主管部门、城建部门、供水公司多头征收的混乱局面，加快落实《管理办法》，尽快督促各地实现由水行政主管部门统一征收；二是加大水资源费征收相关法律法规的宣传力度，提升用水户依法缴费的意识；三是严格控制水资源费的免征、少征和缓征等现象，严禁地方行政部门以任何形式进行干

预；四是加快取水计量设施的安装与改造。

3．严格规范水资源费使用及其监管，真正做到“取之于水，用之于水”

水资源费使用管理，直接关系到水资源费征收目的的实现。一方面要严格贯彻水资源费“取之于水，用之于水”的原则，不断完善水资源费使用项目的审批程序，合理划分中央与地方的审批权限，力保将费用投入到《管理办法》规定的九大使用范围。另一方面，加强水资源费使用的审计监督，建立责任追究机制，避免出现浪费、挤占和挪用现象。

第 五 章

落实最严格水资源管理制度的政策建议

一、实行最严格水资源管理制度是有效应对我国水资源短缺现状的重要举措

“最严格的水资源管理制度”的提法最早来源于2011年的中央一号文件《中共中央国务院关于加快水利改革发展的决定》，2012年1月12日国务院发布的《国务院关于实行最严格水资源管理制度的意见》（以下简称《意见》）又对“最严格的水资源管理制度”做了进一步细化。水是生命之源、生产之要、生态之基。在经济社会发展的水资源约束不断增强的背景下，实行“最严格的水资源管理制度”尤为必要，是破解水资源约束的有效之举。

一是为有效应对我国水资源总量短缺态势，提出了用水总量控制红线及其控制制度。针对我国水资源缺乏的现实，《意见》确立了到2030年全国用水总量控制在7000亿立方米以内的目标，即水资源开发利用控制红线，并具体限定了不同阶段的总量控制目标。为落实水资源开发利用红线，提出了严格规划管理和水资源论证、控制流域与区域取用水总量、实施取水许可、水资源有偿使用、地下水管理和保护、水资源统一调度等严格的用水总量控制制度。

二是为有效应对我国用水效率较低的态势，提出了用水效率控制红线及其控制制度。为解决我国水资源利用效率较低的现状，《意见》确立了用水效率控制红线，到 2030 年用水效率达到或接近世界先进水平，万元工业增加值用水量（以 2000 年不变价计，下同）降低到 40 立方米以下，农田灌溉水有效利用系数提高到 0.6 以上，提出了相应的阶段性目标。为了落实用水效率控制红线，提出了全面推进节约用水管理、用水定额管理、节水技术改造等一系列关键措施。

三是为有效应对我国水资源污染严重的态势，提出了水功能区纳污红线及其控制制度。《意见》确立了水功能区限制纳污红线，到 2030 年主要污染物入河湖总量控制在水功能区纳污能力范围之内，水功能区水质达标率提高到 95% 以上，进一步提出了相应的阶段目标。为了实现水功能限制纳污红线的控制目标，提出了严格水功能区监督管理、加强饮用水水源保护、推进水生态系统保护与修复等重要的控制制度。

四是为确保“三条红线”及其控制制度的实施，提出了多项保障措施。《意见》从水资源管理的责任和考核制度、水资源监控体系、水资源管理体制、水资源管理投入体制以及社会监督机制等多方面，为《意见》的落实提供了制度保障。

二、当前最严格水资源管理制度正在加紧落实中

自 2012 年 1 月《意见》发布以来，围绕最严格水资源管理制度

的实施办法相继出台，2013 年 1 月印发的《实行最严格水资源管理制度考核办法》（国办发〔2013〕2 号），公布了各省区市的用水总量、用水效率和重要江河湖泊水功能区水质达标率控制目标。同时，2012~2013 年，大多省份都相继出台了关于最严格水资源管理制度的实施意见和考核办法。各省区市也开始逐层分解指标，根据水利部的统计，各省区市的用水总量已经明确，截至 2013 年底，已有 29 个省区市完成地市级指标分解，其中 7 个省市完成市县两级指标分解。

三、落实最严格水资源管理制度的相关政策建议

（一）具体落实好总量红线控制制度，做到“用水不超量”

为了更好地落实《意见》提出的用水总量控制，必须加快相关制度的建设。具体来看如下。

第一，建立健全用水总量的统计监管评价体系。一是根据国家总量控制的指标，进一步指导各地区完善水资源综合规划体系，不断健全覆盖省市县三级的用水总量红线控制指标体系。二是加快推进国家水资源监控能力建设，建立更为科学的覆盖中央、流域、省市县等各级主体的全面的监控评价体系。三是严格实施总量红线的考核制度，并建立相应的责任追究机制。

第二，建立对用水全过程的控制制度。一是建立严格的取水许可

制度。要根据当地的用水总量指标，重新规划各用水主体的用水量指标，从而有计划地发放取水许可证，严格新增用水的审批。二是建立更为严格的水资源论证制度。加快推进国民经济和社会发展规划、城市发展规划和涉水建设项目的水资源论证，充分考虑水资源的承载能力，真正做到量水发展。三是强化水资源统一调度管理，优化水资源的配置方案，实现科学调度和精准调度。四是规范用水主体的行为。严厉打击改变取水用途以及盗取水等不规范的用水行为。

第三，逐步推进水权交易制度。推行水权交易制度是发挥市场作用，推进区域间水资源优化配置的重要手段，是落实用水总量控制制度的一种重要补充手段。我国的水权交易推进应借鉴澳大利亚、智利和美国等国家的有益经验，遵循循序渐进，试点先行的原则，在水资源供需矛盾突出的地方率先推进水权交易的试点，探索建立政府间交易与用户间交易相结合的模式，同时政府应该建立健全水权交易规则制度、水权交易登记制度以及水权交易的监督管理制度，保障水权交易制度的顺利推进。

（二）提升用水效率，落实好用水效率控制红线，解决“用水不珍惜”的问题

第一，应根据《意见》提出的用水控制红线的总体要求，编制专门的节水型社会建设规划，指导全社会的节水行为，加快推进节水型社会的试点，倡导形成全社会节约用水的意识氛围。

第二，与用水总量控制相结合，加强对高耗水行业或重点用水户

的监控，设定更为严格的用水额度，严格限定新增用水，鼓励其加强水资源的循环利用。

第三，加快推进各行业的节水改造。加大农业节水支持力度，通过全面实施灌区节水改造，积极推广先进适用的节水灌区技术，大幅度提高农业用水效率。根据工业行业和企业的用水情况，设定合理的节水标准，加快淘汰落后的用水工艺、设备和产品。加大城市生活节水的示范与宣传，推广节水器具的普及使用。

第四，加快推进水价形成机制改革，探索按照水源类型（自来水、中水、淡化海水等）、用途类别、区域类型及用水效率的不同实行差别化定价。

最后，加强对于再生水、云水、雨水、海水淡化等非常规水资源的开发利用，鼓励“适水适用”，缓解“无水可用”的问题。

（三）制定全面的水资源污染防治措施，改变“有水不能用”的局面

在《水污染防治法》的指导下，不断落实《意见》提出的纳污红线要求，建成有效的包含地下水和地表水的中央、流域、省区市等多级的水污染防治体系。既要严格落实源头管理，清除影响水源地水质的污染源，通过建立生态补偿机制等，支持对水源地的保护。同时也要确定更为严格的排污许可标准，并建立对重要污染源的监控，防止末端的进一步污染。另外，做好防护的同时，也要继续加大治理被污染水源的投入。最后，要建立更为严厉的水环境污染的责任追究和惩

罚机制，提高违法排污的成本。

（四）增进社会共识，更好保障最严格水资源管理制度的顺利落实

目前社会上对严重缺水的基本国情，对水资源制约作用，对“量水而行”必要性以及对节约和保护水资源的紧迫性，均还认识不到位，致使对推行最严格水资源管理制度，社会上仍然持有不同看法，并且公众的重视程度也不够高。因此，加大对我国严重缺水国情的宣传教育力度，宣传和借鉴以色列等水资源节约和保护先进国家的做法和经验，宣传国内水资源节约、保护和管理的先进地区和典型案例等，提高对在我国实施最严格水资源管理制度的社会共识。

第 六 章

推进
我国水权交易制度建设的
基本路径与对策建议

解决水资源短缺已经成为实现我国经济可持续发展的关键问题之一。在我国水资源呈现刚性约束的背景下，仅仅依靠传统的行政手段配置水资源，短缺矛盾难以得到真正解决，只有通过制度创新，引入市场机制，对水资源进行优化配置，合理规划水资源的分配，科学节水，提高用水效率，才能从根本上解决我国的水资源短缺问题。十八届三中全会提出了要发挥市场在资源配置中的决定性作用，针对水资源领域提出了推行水权交易制度的目标。

一、推行水权交易制度是发挥市场作用推进水资源优化配置的重要手段

（一）推行水权交易制度是破解经济发展的水资源约束的重要手段

一是推进水权交易制度，实行水使用权的流转，可以在相当程度上解决我国水资源总量及开发利用状况时空分布不均导致的用水短缺

问题。二是推进水权交易制度，可以将未利用的水权交易出去，实现水权的经济价值，从而可以激励用水主体提高用水效率，获得更多的交易空间。三是推进水权交易制度，更有效地激励用水主体寻求新的水源，缓解水资源的紧张局面。在水权交易制度下，用完指标的地区或者企业，新增水量只能通过水权流转或使用非传统水源（污水处理回用、雨水积蓄利用、海水直接利用与海水淡化利用等）来满足，现有的制度框架下非传统水源将不算在总量控制指标之内。在水权成本逐步提高的情况下，可以鼓励用水主体更多转向非传统水源的利用。总之，通过水权交易，可以在不突破用水总量约束前提下，以水资源的优化配置支持经济社会可持续发展。

（二）最严格水资源管理制度划定的总量控制红线，为推进水权交易提供了有利的先决条件，迈出了重要的一步

《国务院关于实行最严格水资源管理制度的意见》确立了全国水资源开发利用控制红线，到 2030 年全国用水总量控制在 7000 亿立方米以内。为更好地实施总量控制的红线，必然将总量控制层层分解到各地，划定各地的用水总量，这就相当于界定了初始水权，为以后推行水权交易提供了先决条件。

二、国外推进水权交易的典型做法

（一）智利的水权交易制度：完全市场化的交易

智利的水法规定，水的所有权归国家所有，政府负责初始水权分配。个人、企业根据法律获得水的使用权。水权一旦授予水权人，即与土地相分离。一般情况下，水权像其他不动产一样，可以自由买卖、抵押、继承、交易和转让。除非在特殊情况下，如为了国家利益等，则需要获得“国家水总指挥”或“水使用者协会”批准对水权进行调整。在水权交易过程中，水权人之间的地位完全平等，水权人按照自由协商的原则开展水权交易。

（二）澳大利亚的水权交易：有管理的水权交易

澳大利亚是一个淡水资源缺乏的国家。联邦政府通过立法，将水权与土地所有权分离，明确水资源归州政府所有，由州政府调整和分配水权。随着水资源供需矛盾的日渐突出，可分配的水量越来越少，在部分地区已审批的授权水量甚至超过了可利用水量，新用水户已很难通过申请获得水权，于是开始实施水权可以交易。1997 年实行取水量“封顶”政策，任何新用户（农田灌溉开发、工业用途和城市发展）的用水都必须通过购买（交易）现有的用水水权来获得。同时水权交易中，规定了环境用水的优先权，消耗性用水要以保证可持续发展为前提。在水权交易的过程中，州政府起着非常重要的作用，包括提供基本的法律和法规框架，建立有效的产权和水权制度，保证水权交易不会对第三方产生负面影响；建立用水和环境影响的科学与技术标准，规定环境流量；规定严格的监测制度并向社会公众发布信息；规范私营代理机构的权限。

（三）美国的水权交易：重视中介机构的作用

高度重视中介机构的作用是美国水权交易的重要特征，值得借鉴。水权咨询服务公司在水权交易中发挥了极其重要的作用，几乎所有的水权交易都要通过水权咨询服务公司，它可以为委托人提供各种记录档案及相关证明材料、完成水权调查报告、作水权管理计划、评估水权的实际价值、代理法律诉讼等。为了更好地推进水权交易，美国西部出现了水银行，将每年来水量按照水权分成若干份，以股份制形式对水权进行管理，简化了水权交易程序，更好地促进经济价值的实现。同时还成立了以水权作为股份的灌溉公司，灌溉农户通过加入灌溉公司，依法取得水权或在其流域上游取得蓄水权。在灌溉期，水库管理单位把自然流入的水量按水权股份向农户输放，并用输放水量计算库存各用水户的蓄水量，其运作类似银行计算账户存取款业务。

三、我国水权交易涉及的基本内容

（一）初始水权分配

这一层次的交易并不是普通的直接交易，而是在中央政府的直接干预下，所进行的初始水权分配。从我国的现实来看，就是中央政府根据最严格水资源管理政府所划定的总量红线，对各地用水总量指标所进行的分解。从广义上说，也包括地方政府对下一级地方的水权指标的界定。这也是交易的重要基础。

（二）地方（或区域）政府间的水权交易

在上级政府明晰各级地方水权额度的基础上，基于区域水资源稀缺程度的差异性、区域用水效率的差异性和节水成本的差异性，各区域政府之间所开展的水权交易。这一层次的水权交易，主要是可以使一些水资源约束较为明显的区域突破本地区经济发展所面临的硬性水资源约束而开展的在政府间所进行的交易。同时，也鼓励一些水资源较为丰富的地区，通过节约水资源而获得额外的收益。

（三）终端用户间的水权交易

在政府将水权最终分配给或拍卖给用水户后，基于用水户之间的用水效率的差异性和节水成本的差异性，用水户之间开展的水权交易，使水资源配置到能够产生最大经济效益的用水户那里。广义上讲，行业间的交易也包含在终端用水户交易之中。

四、推进水权交易的几个重要问题

（一）推进路径

一是遵循循序渐进，逐步放开的原则。在水权交易的起步阶段，初始水权的分配和以地方政府的水权交易占据主要地位，地方政府应是交易的主体。随着改革的深入，规则逐步完善，终端用水户之间的直接水权交易将成为主体。二是遵循试点先行的原则。应在当前有一定水权交易基础的地区，或者考虑在水资源供需矛盾突出地区和南水北调工程受水区，率先推进水权交易的试点，总结其不同经验，然后再逐步扩大范围。三是遵循复合推进的原则。尽管初期以地方政府间的交易为主，但是单一交易模式都具有比较鲜明的优势或劣势，国际上水权制度先进国家在水权配置中往往采取混合模式，因为两者可以起到相辅相成的作用，我国的水权交易模式也应该积极探索政府间交易与用户间交易相结合的模式。

（二）合理确定可交易的水权范围与额度

水资源具有多重属性。除去保持人们基本生活需要的用水量和河道内维持一定的生态环境用水之外，只有经济用水才可以交易，这就需要预留一部分水资源用于生态环境等用水。因此，为了保障交易的顺利进行，必须根据各地的实际，确定可以交易的水权量和范围。就可交易的额度而言，若确定的水权额度过于宽松，没有交易的需求，就失去了实施交易的意义。如果确定的水权额度过紧，各个交易主体没有多余的水量，就会使水权交易的空间过小。所以如何确定水权分配的原则，是进行水权交易的一个重要基础。

（三）初始阶段的价格确定规则

长期的水权类似于期货期权，而水资源（如自来水、灌溉水）类似于现货，两者之间存在着关联性。当前的水价形成机制尚不完善，水价处于较低水平，使得相互间的交易价格缺乏一个合理的基准，给交易双方就价格达成一致意见带来了一定难度。初始阶段是否要有一个基本的价格指导范围，也是需要考虑的问题。也可考虑对水权交易的价格影响因素做出原则性规定，并明确水权交易的价格形成机制。

（四）水权交易中政府与市场角色的定位

作为水权交易对象的水资源，具有不同于一般商品的特殊性，需要政府的适度参与，而且所处的阶段不同，政府承担的角色也各不相同。一般来看，政府的功能主要是界定水权，进行区域水权和用水户水权的分配。这一过程完成后，政府的主要功能转向水权交易规则的制订和执行，并进而转向水权纠纷的仲裁。具体来看，一是在初始水权分配阶段，政府是主体，主要由上一级政府完成对下一级地方水权的确认。二是在区域政府间的水权交易阶段，政府既是政策规则的制定者，同时也是市场的交易主体。三是在终端用水户间的水权交易阶段，政府所要承担的仅仅是控制好水权总量、界定好初始水权、制订好交易规则和维持好交易秩序，其他事务均由市场自由运作。交易的主体主要是终端用水户。从上面的分析来看，从初始水权分配→地方（或区域）政府间的水权交易→终端用户间的水权交易，市场的作用在逐步增强，政府的干预作用逐步淡化。

五、保障水权交易制度顺利推进的相关配套政策分析

（一）建立健全水权交易规则制度

一是明确可交易水权的范围。进一步完善 2005 年颁布的《关于水权转让的若干意见》，明确可交易水权的范围，设立需保护水权的分级监控目录，保障农业水权等弱势水权的相对稳定，同时也应适当设定水权向一些高耗水行业交易的禁止性规定；二是明确水权交易规则。交易制度的核心就是需要建立一套明确的交易规则和交易程序。通过制定交易规则，为买卖双方进行交易时提供行为准则。

（二）建立水权交易登记制度

水权交易登记制度有利于掌握水权交易信息，减少交易方的搜寻成本，从而降低交易成本，也可以避免因交易双方的信息不对称而导致的交易不公平，并且防止水权交易对第三方和公共利益造成损失，避免一些不必要的纠纷。具体应对水权当事人、水权类型、转让目的、交易方式、水的用途、利用水的方式、交易价格等有关信息建立交易档案。

（三）加强中介服务机构的培育

国际经验表明，中介服务机构在水权交易中的地位不可或缺[①]。一是可以考虑成立用水者协会或水权咨询服务公司等中介机构，为交易提供信息服务，帮助交易双方解决交易纠纷，提供各种专业技术服务等，并为政府调控监管市场提供必要的信息。二是可在水权交易基础较好的区域、流域，探索建立“水银行”（一种由政府集中管理的专业性机构，一般被定位为水权交易的中间机构），以吸纳、存蓄水权人富余的水量，并向其他需水主体进行转售或转租。三是加快建立水权交易所，为水权交易提供完备的交易平台。

---

① 澳大利亚水流域服务机构向公众公布年度财务报告和供水价格测算结果，宣传水知识和有关信息，以便公众能真正参与管理；智利的用水者协会不但测算供水价格，宣传水知识和有关信息，还拥有和管理水利设施，监督水资源分配，提供协商场所、解决水事冲突的职能；美国的水权咨询服务公司几乎为所有的水权交易服务，如：为委托人提供各种记录档案和其他必需证明，提供水权的占有水量、法律地位及水权的有益利用等提供专家证词。

（四）加强对水权交易的监督管理制度建设

为了有效监督水权交易的进行，必须建立健全全方位、有效的监管网络体系，保障交易主体的权利义务，促进交易的顺利进行。由于交易牵涉多方的利益主体，为了保证监管的有效性，应该着手建立政府部门、企业协会组织、相关专家、社会代表等多方共同组成的监管组织。

第 七 章

推进
我国城市雨水资源化利用的
改进建议

所谓城市雨水资源化利用是指在城市范围内，有目的地采取措施将雨水转化为可利用的水资源并直接或间接加以利用的过程[①]。城市雨水资源化利用在解决城市水问题方面具有极其重要的作用，已成为世界各国普遍重视的课题。

一、推进城市雨水资源化利用具有重要意义和巨大发展潜力

（一）推进城市雨水这一重要非常规水源的资源化利用，可以有效缓解城市缺水及其带来的生态环境问题

我国城市缺水严重，据统计，全国 657 个城市中，近 400 个城市缺水，其中 110 个城市严重缺水。超采地下水成为缺水城市保障供水

① 直接利用是指将雨水收集后直接回用，通过屋顶、路面等收集雨水后，汇集到雨水贮留池中，对不同用途的雨水进行处理等级划分和分别利用。间接利用是指将雨水简单处理后下渗或回灌地下，补充地下水。

的普遍做法，由此引发了地面沉降、海水入侵、土地沙化等生态环境问题。据国土资源部监测显示，全国累计地面沉降量超过200毫米的地区达到7.9万平方公里，发生地面沉降的城市已超过50个，全国海水入侵面积超过3000平方公里。城市雨水作为重要的非常规水源之一，推进其资源化利用，既可以有效增加水资源供给，直接缓解水资源紧缺局面，又能够通过涵养和补给城市地下水，改善城市的生态环境。

（二）推进城市雨水资源化利用，可以减少地面径流量，从源头上减轻城市“内涝”问题

我国许多城市经常受“内涝”问题困扰，出现大面积淹水现象，带来巨大经济损失的同时，严重干扰了城市的正常秩序。根据住房城乡建设部对351个城市的调研显示，2008~2010年，62%的城市曾发生过“内涝”事件，发生3次以上的城市有137个。推进城市雨水资源化利用，通过加强城市雨水的直接收集储存利用、扩大下渗或回灌地下等间接利用措施，减少城市地面雨水的径流量，可以有效减轻或解决城市“内涝”问题。

（三）城市雨水资源化利用具有持久低廉的成本优势和巨大的发展潜力

城市雨水资源化利用除了前期的一次性投入以外，相对于其他非常规水源，后续处理和维护成本极为低廉。据有关统计，中水成本平

均 2 元 / 吨，海水淡化成本 5~6 元 / 吨，而雨水净化处理成本不足 0.2 元 / 吨。另外，从总量来看，我国城市雨水量较大，但资源化利用率较低，因而我国雨水资源资源化利用的发展潜力巨大。如以国内雨水利用率相对较高的北京市为例，按城区总面积 735 平方公里、年降水量 530 毫米计算，则全城区每年承接雨水量为 3.9 亿立方米，扣除每年利用的少量雨水，仍有相当大的开发利用空间。

二、国内外雨水资源化利用的实践探索与启示

（一）国际上普遍高度重视雨水资源化利用，形成了较多值得借鉴的成功经验与做法

国际上雨水资源的收集利用已经非常普遍，不仅美国、德国、英国、澳大利亚、日本、以色列和新加坡等发达国家长期进行雨水利用技术的研发和实践利用，形成了较为成熟的雨水资源化利用技术和实践做法，而且印度、东南亚和非洲国家也十分重视雨水资源的开发和利用，修建了较多实用的雨水收集利用系统。其中，不乏一些值得我们借鉴的成功做法。一是在利用途径方面，各国主要是在不透水面相对集中的屋顶、广场、小区等区域修建雨水收集系统，经由雨水入渗系统渗入地下或者经过处理后存储使用。二是在用途方面，少数国家将收集的雨水用于城市居民饮用水，大多数国家收集的雨水主要用作居民非饮用生活用水、城市绿地浇灌和景观用水以及补充地下水等。

三是在体制机制建设方面，许多国家通过制定法律、颁布技术规范等方式，对城市雨水资源化利用做出强制性规定，建立奖励和惩罚性机制，保障雨水资源的有效利用。如美国部分州制定了《雨水利用条例》，强制实行“就地滞洪蓄水”；德国规定无论是工业、商业还是居民小区均要设计雨水利用设施，否则，将征收雨水排放设施费和雨水排放费；日本则在颁布的《第二代城市地下水总体规划》中规定，新建和修建的大型建筑群必须设置雨水就地下渗设施，并实行补助金制度。四是在配套措施方面，建立城市雨水利用的资金扶持体系，要求政府部门，并且鼓励非政府组织和民间企业对雨水资源化利用给予一定资金支持。如印度规定，通过政府投资、居民自己筹资以及民间捐资等手段修建雨水收集设施。

（二）国内一些城市已经开始重视雨水资源化利用，取得了一定进展

20 世纪 90 年代，在城市供水形势日趋紧张和国际雨水利用技术快速发展的共同推动下，一些缺水地区开始重视雨水资源的利用，出现了如北京修建橡胶坝拦截雨水、甘肃的“121 雨水集流”工程、陕西的“甘露”工程、宁夏南部的“窖水蓄流节灌”工程等一些良好的范例。2000 年以后，北京、天津、上海、南京、深圳等城市开始加大雨水资源化利用的力度，取得了明显进展。如北京市，截至 2013 年底，已建成下凹式绿地、人工湖、蓄水池等雨水利用工程 2178 处，蓄水能力为 4300 万立方米，年收集综合利用雨水 4051 万立方米。伴

随雨水资源化利用范围的拓展和用途的深化，国家雨水资源化利用管理也逐渐规范，2006 年 9 月，由原建设部和国家质检总局联合发布了《建筑与小区雨水利用工程技术规范》（GB50400–2006），对雨水的收集、渗透渗出、储存回用、蓄存排放、水质控制、施工安装、工程验收、运行维护等提出了具体的专业技术要求，标志着我国城市雨水资源化利用开始走上了标准化道路。此后，南京等一些城市也相继制定了本地的雨水资源化利用的技术规范。但与国际上雨水资源化利用水平相比，可以说，目前我国城市的雨水资源化利用仍处在研究与示范阶段，主要还是在缺水地区的小型应用以及局部地区的非标准应用。

三、我国城市雨水资源化利用存在的主要问题

随着政府部门的重视和推动，我国城市雨水资源的利用呈现出良好的发展趋势，但仍然存在一些问题，阻碍着雨水资源化利用的进程。

（一）对城市雨水资源的性质以及在解决城市水问题作用的认识有待进一步深化

目前来看，一是部分城市的市政建设与规划部门尚未认识或未完全认识到城市雨水资源的价值所在，还是习惯性地将城市雨水作为灾害来对待，用尽办法将其排走。二是市民对雨水资源的认识不够，在

一些地区推广雨水综合利用系统时，经常会有人说“我们又不缺水，干嘛做这个？”，且调查显示，很多市民并不知道雨水收集利用工程的存在。另外，对于城市雨水资源化利用的作用方式和效果认识不足。经常存在如下观点：雨水资源利用的作用极为有限，主要在于直接利用雨水资源和节约用水，而忽略了在减缓城区雨水洪涝、控制雨水径流污染、改善城市生态环境等方面的作用；还有人认为雨水只要排出就能补充地下水等。因此，经常出现如下的窘境：一方面投入大量的人力和物力将雨水排走，浪费大量淡水资源的同时，还可能造成水环境污染；另一方面又不得不应对水资源严重短缺问题。

（二）投入不足严重阻碍城市雨水资源化利用的推进

资金缺乏是影响城市雨水资源化利用的重要瓶颈。尽管雨水回用设备运行维护费用较低，但前期需要的一次性投入费用相对较高，一个项目一般需要十几万乃至几十万的前期投入，各级政府财政资助有限，大部分投资需要建设单位自筹。目前社会资金投资回收渠道不畅，且回收周期较长，通常需要十几年的时间，从而市场化资金进入动力不足。

（三）城市雨水资源化利用相关的法律和政策有待进一步完善

目前国家层面出台的《中华人民共和国水法》《中国生态住宅技

术评估手册及设计要点》《绿色建筑评估尺度》等对于雨水利用均有所涉及，并且《建筑与小区雨水利用工程技术规范》对雨水资源化利用的技术规范提出了较为具体的要求，2014 年 8 月，住房城乡建设部和发展改革委联合发布的《关于进一步加强城市节水工作的通知》（以下简称节水“十条”）要求，成片开发地块的建设应大力推广可渗透路面和下凹式绿地，通过雨水收集利用、增加可渗透面积等方式控制地表径流。新建城区硬化地面中，可渗透地面面积比例不应低于 40%；有条件的地区应对现有硬化路面逐步进行透水性改造，提高雨水滞渗能力。与此同时，各级地方政府也制定了一些关于城市雨水利用的法规政策，如北京市的《关于加强建设工程用地内雨水资源利用的暂行规定》、南京市的《南京雨水综合利用技术导则》、深圳市的《深圳雨洪资源利用规划研究》。但从全国层面来看，目前还没有出台专门的雨水资源化利用的法律法规，除了《建筑与小区雨水利用工程技术规范》中较为细致的雨水利用工程建设技术规范以外，主要还是在其他法规文件中，提出鼓励雨水资源化利用的这一倡导方向。并且除新颁布的节水“十条”中提到的 40% 的可渗透地面面积比例要求以外，基本没有相应的刚性要求，更缺乏奖惩性的法律规定，使得我国的城市雨水资源化利用难以规范化和规模化发展。

（四）监管能力不足和管理机制不顺影响城市雨水资源化利用的实质性开展

由于管理部门对城市雨水资源化利用的重视程度仍然不够，且缺乏相应的硬性要求，客观上造成了监管能力建设较为滞后，致使违规或变相违规的现象较为普遍，如建设“迷你型”雨水收集利用系统应付检查等，致使城市雨水资源化利用陷入“雷声大雨点小”的尴尬局面。另外，城市雨水资源化利用的全过程，涉及城建、水利、环保、质检等多个部门，部门间缺乏相应的协调机制，使得监管较为乏力。

四、推进我国城市雨水资源化利用的对策建议

（一）全面提升对雨水资源化利用的认识水平，重视城市雨水的资源化利用

一方面，管理部门应重新审视将雨水视为灾害的做法，本着雨水是资源的指导思想，按照综合利用在前、排放在后的基本原则，提升雨水资源化利用的力度。另一方面，积极获取民众对城市雨水资源化利用的参与和支持，通过组织参观雨水利用示范工程、进行专题讲座、播放公益广告、举办相关展览会等方式，加强宣传教育，使其意识到雨水作为资源的重要性，了解雨水资源化利用的方法，自觉加入到雨水资源化利用的行列，从而促进雨水利用系统的推广和应用。

（二）通过财政支持、建立有效的投资回收机制等方式，提高城市雨水资源化利用的资金投入能力

一是加大雨水资源化利用的财政资金支持力度。可以设立雨水资源化利用研究与开发的专项基金，支持雨水资源化利用的科学研究、设备生产、设施建设、运行管理等。二是对按标准建设雨水利用工程并保障正常运行的新建小区的经营单位给予环保优惠政策，如免收防洪费等。三是通过政府采购、官方宣传等方式，给予参与雨水资源化利用的企业一定的便利。四是探索建立有效的雨水资源化利用投资的收益回报机制。为了更好地吸引社会资金的投入，可以按照谁投资谁受益的原则，科学界定雨水资源的使用权和转让权，建立起更为顺畅的投资回收渠道，吸引有投资能力的社会团体、企业或个人加入到雨水资源化利用的建设项目中来。

（三）不断完善城市雨水资源化利用的法律法规，为雨水资源化利用提供制度保障

借鉴其他国家的成功经验，完善雨水资源化利用的法律法规。首先，将城市雨水资源化利用与城市建设、水资源优化配置、生态建设有效统一起来，纳入到城市的建设规划中。其次，按照统筹布局、试点先行的原则，选择若干地区制定雨水资源化利用的强制性要求，择机出台专门的城市雨水资源化利用的管理办法。可以先在缺水地区和水环境污染严重的地区，试行出台一些强制性要求，明确城市建设开

发单位回收利用雨水的责任和义务，特别是对一些新建建筑物，设定强制性的雨水回收设施标准；对于不达标者，不予验收。待时机成熟后，制定专门的城市雨水资源化利用的管理办法，对城市雨水资源化利用做出强制性规定。同时，有针对性地细化、修订现有规划和技术规范，增加雨水资源化利用的内容。如在城市污水处理的技术规范中进一步强调雨污分流和初期雨水处理等。另外，制定雨水资源化利用的激励办法，如对雨水利用企业进行税收减免或补贴等，调动参与的积极性。

（四）采取较为灵活的推进方式，因地制宜推进城市雨水资源化利用

在国家整体推进城市雨水资源化利用的过程中，由于各城市雨水的自然条件差异较大，宜采取更为灵活的方式。一是可以根据各地水资源条件的不同，确定差异化的推行措施，如在缺水地区，设定更为严格的利用标准。二是采取试点先行、示范推进的方式。加强示范市、示范区、示范点的建设，选择一些建设基础较好、缺水严重的城市，加快建立一些标杆示范点。三是在对总量或技术标准限定的基础上，允许各地灵活选择雨水资源化利用的方式。不管在直接利用和间接利用的选择上，还是权衡雨水回收系统、渗透性路面及下凹式绿地等利用形式方面，均可由各地权衡自行决定。

（五）建立多部门协调机制，加强监管能力建设，共同推进城市雨水资源化利用

由于城市雨水资源化利用牵涉的部门较多，为改变单一部门执法阻力较大的局面，应加快建立相应的部门协调机制，可由城市建设部门牵头，联合其他相关部门，理顺管理体制和运行机制，提升监管力度，督促现有政策的执行落实。同时，应尽快建立惩罚机制，为监督执法提供强有力的执行手段。

第 八 章

科学开发利用
我国空中云水资源的建议

空中云水资源是指存在于大气中的液态水和固态水总量，通过人工干预可以直接开发利用。科学合理地开发利用空中云水资源，是解决我国水资源短缺问题的有效途径之一。2011 年的中央 1 号文件明确提出："加强人工增雨（雪）作业示范区建设，科学开发利用空中云水资源。"2012 年 8 月国务院办公厅印发的《国务院办公厅关于进一步加强人工影响天气工作的意见》（国办发〔2012〕44 号）进一步明确了"合理开发空中云水资源"的重要任务。

一、开发利用空中云水资源意义重大且发展潜力较大

（一）空中云水资源是重要的非传统水源之一，是缓解我国水资源短缺的重要途径

云水资源的开发利用能够直接增加水资源总量，可以有效缓解降雨量少和降雨过于集中地区的季节性缺水现象。在适当的气候条件下

进行人工增雨（雪），将空中的云水资源化作地面水资源，已经被国内外的经验和理论证明是开发云水资源的有效途径。据测算，仅2009年春季，北方冬麦区11个省（区、市）通过人工增雨作业，就增加降水93亿吨，为旱情有效缓解做出显著贡献；2002年《人工影响天气管理条例》颁布实施后，全国累计增加降雨近4900亿吨，相当于12个三峡水库的总库容。

（二）开发空中水资源具有较高的投入产出比

据科学试验测试，人工增雨（雪）是一项投入成本低、效益高的工作。目前国际公认的成本和效益的比例关系是1∶20~1∶25，最高可达1∶40，并且人工增雨（雪）的生态效益等其他效益更是难以估量。

（三）空中云水资源具有非常大的潜在开发量

当前，我国平均年云水资源（含水汽）约为22万亿吨，但降水效率仅28%左右（西北地区仅15%左右），87%的云水资源飘出了我国上空。在现有技术水平条件下，如果能够充分开发全国的空中云水资源，人工增雨潜力约为每年2800亿吨。因人工增雨（雪）具有非常短的循环周期（仅8.7天），一年之内空中水可以循环42次，空中水量就达到1176万亿吨，约为地表水总量的8倍多。

二、国内外云水资源开发利用的探索与实践

通过人工增雨（雪）开发利用云水资源的科学基础已被大量的室内试验、理论研究和外场试验所证实。世界气象组织指出，应把人工影响天气［包括人工增雨（雪）］作为水资源综合管理战略的一部分。

（一）在发达国家开发云水资源已有成功的探索与实践

现代人工增雨（雪）活动开始于1946年，目前全世界有美国、俄罗斯、以色列、澳大利亚等30多个国家开展此项工作。美国加利福尼亚州由于经济的发展，水资源明显不足，1976~1987年间，美国垦务局等单位联合开发云水资源，用飞机上装置的碘化银发生器催化地形云，在人工影响的云区内产生5万立方米的降水。另外，美国还在科罗拉多的落基山脉、新墨西哥的杰朱治山、华盛顿的卡斯卡达山、犹他北部的瓦桑奇山等地进行了人工影响地形云降水试验，取得了增加降水15%~20%的效果。1975年，以色列在其北部开展了以增加水资源为目的的人工增雨作业计划，达到相对增雨13%~15%的效果。澳大利亚对海洋性云试验催化12年，增雨达30%。从经济分析来看，每吨降水成本约合4~5美分，投入产出比约为1：30，取得了良好的经济效益。

（二）国内也进行了大量人工增雨（雪）的实践，取得了显著成效

我国从 1958 年开始，进行了大量的人工增雨（雪）作业，为抗旱减灾、农业增收做出了很大贡献，并在技术上积累了较为丰富的经验，逐步形成了各级政府领导、气象主管机构管理的组织管理体系，队伍结构不断改善，人员素质逐步提高。2002 年《人工影响天气管理条例》施行后，特别是 2004 年第二次全国人工影响天气工作会议以来，我国人工增雨（雪）工作又得到了更为快速的发展，作业能力和服务效益显著提升。据统计，2011 年全国人工增雨作业区面积达 500 余万平方公里，人工防雹作业保护面积达 50 余万平方公里，分别较 2002 年增加了 60% 和 25%。截至 2010 年，全国共有 30 个省（区、市）、新疆生产建设兵团和黑龙江农垦等行业的 2235 个县（市、区、团、场）开展人工影响天气作业，现有高炮 6902 门、火箭发射架 7034 台，每年使用飞机 50 余架，从业人员达 4.77 万人。

三、当前我国空中云水资源开发利用存在的主要问题

（一）对于云水资源开发利用的重视程度亟待提高

首先，我国的《水法》规定了水资源属于国家所有，但是未对云

水资源的权属做出明确规定，也没有通过法律手段纳入水资源范畴，导致各地云水资源争夺日趋激烈。另外，我国进行人工增雨作业，主要作为一种抗旱防灾的技术手段，并没有将云水资源当作重要水资源加以开发利用。最后，国家层面对云水资源的开发利用缺乏相关指导。尽管一些规划和政策法规中，对空中云水资源的开发利用有所涉及，但并未将云水资源开发利用提高到战略资源开发的重要位置上，也缺乏专门的指导规划，致使我国云水资源的开发利用仍处于地方各自为战的状态。

（二）空中云水资源开发利用较为粗放且存在较大盲目性

截至 2011 年，我国年均人工增雨量仅为 500 亿吨左右，不足年降水量的 1%，人工增雨作业效果平均为 15%。其原因，一是对云水资源的移动规律、水资源的存量等认识仍存不足，监测评估能力尚需加强，特别是一些高端先进的探测和作业技术缺乏，限制了对云水资源的精细结构、粒子相态等了解和作业效果的评估。二是缺乏相应的基础科学指导，利用方式粗放。我国开发利用云水资源的科技含量较低，人工增雨（雪）的设备、技术、增雨剂等研究水平很低，主要停留于向云层开炮、喷洒碘化银等低端阶段，命中率低、规模小、成本高。三是开发利用的盲目性较大。国际的做法一般是：经过反复的探索和积累，取得云雨规律与增雨效率的确切结论后，才转入业务化，开始布点。而我国的人工增雨作业是先业务化，大面积布点，各省市争先恐后上马，问题出现后，再回头找科研，这种方式势必造成许多无谓的浪费，使得我国人工增雨（雪）总体水平不高，效益低下，不利于空中云水资源开发利用的持续性。

（三）部门和区域协调机制缺乏，空中云水资源开发利用处于各自为战的状态

一是部门协调机制缺乏。增雨作业需要气象、民航空管、部队等多部门联合作业，如果部门之间协调衔接不到位，将可能错过最佳作业时间，影响作业效果。二是区域协调机制不健全，各地云水资源争夺战日趋激烈。云的流动性决定了人工影响天气也需要强化区域合作。如果缺乏全国调度和协调机制，任由各地大规模购置人工增雨（雪）设备构建“空中水库”，大规模实施人工增雨（雪）作业，势必引发更加激烈的雨水争夺战，从而影响雨水在一些具体区域的分布，使本该在下风向地区自然降落的雨，被提前拦截或者打散，导致增雨效果大打折扣，直接影响到地区间经济、生态效益的合理分享。

四、统筹协调——改变空中云水资源利用中各自为战的局面

（一）充分认识空中云水资源的重要性，逐步实现人工增雨（雪）由防灾减灾向补充水资源和增加水资源总量方向延伸

由于我国多将人工增雨、利用空中云水资源当作抗旱的技术手段，作业时间也多集中于春秋干旱季节，但真正到干旱时节，适合于人工增雨条件的时间反而不多，无法实现救急的目的，而非干旱季节，云水资源丰富，却未得到有效开发利用。当前应充分认识到空中云水资源在解决水资源短缺方面的重要作用，转变人工增雨（雪）的出发点，把人工增雨（雪）由防灾减灾向补充水资源和增加水资源总量方向延伸，特别是在北方缺水地区，应由旱季作业向有利于调蓄水资源的其他季节作业拓展，把常规的抗旱增雨变成全年合理开发利用空中云水资源，开展全年的人工增雨（雪）作业。

（二）与中长期水利开发规划和全国主体功能区划相结合，制定国家层面的战略指导规划，统筹云水资源的开发利用

目前多个省区已将空中云水资源列入了水资源开发计划，但这种各自为战的开发局面严重降低了云水资源的利用效果，也会大大增加

开发利用成本，应从全国层面进行统筹，制定空中云水资源的开发利用规划，合理开发利用云水资源。一是将规划与中长期水利开发规划联系起来，结合大型水利设施和重点江河流域开展规模化的人工增雨（雪）作业，明确重点作业区域，实现由旱区作业向江河、库区水域源头作业的拓展，提高人工增雨（雪）的总体效益；二是将空中云水资源的开发利用与全国主体功能区规划联系起来，在限制开发区域和禁止开发区域，要积极推动开展常态化人工增雨（雪）作业，满足生态建设发展的需要，在优化开发区域、重点开发区域应综合考虑云水资源的分布以及水利设施的建设状况，有选择性地进行人工增雨（雪）作业。

（三）建立部门联动、区域联防机制，真正提升人工增雨（雪）作业的效率

云的流动性以及作业的复杂性决定了人工增雨（雪）、开发利用云水资源需要加强部门间以及跨区域的合作，当前应充分发挥现有的全国人工影响天气协调会的作用，必要时成立相关的协调委员会，强化组织气象、水利、科技、国防、农林、电讯、航空等部门以及重点作业区域间的协调联合作业，逐步建成全国统一的空中云水资源探测及预报网络体系、宏观调配指挥体系。

（四）加强相关保障与支撑能力建设，不断提升云水资源的利用能力

一是加强技术支撑能力建设。充分运用科研院所、高校等科研力量，加强基础性研究，重点推进探测与预报系统建设、作业装备自主研发设计、廉价高效催化剂的选择与研制、增雨效果测定与评估系统的建立等，不断增强技术支撑能力。二是加强投入机制建设。改变当前主要以地方财政投入为主的经费投入机制，可以将已经设立的人工影响天气专项基金作为重要载体，在加大中央资金注入的同时，鼓励社会资金进入部分领域，逐步建立中央、地方与社会资金共同参与的投入机制。三是健全专业人才培养、引进、管理机制，逐步建立起一支研究、开发的专业队伍。

第九章

加快推进我国海水利用的对策建议

海水利用主要包括海水淡化利用、海水直接利用和海水化学资源利用等。近年来，随着淡水资源供需形势日益严峻，充分发挥海水的水资源价值，在缓解淡水资源短缺方面具有重要意义。

一、海水利用是缓解淡水资源短缺的有效途径之一

第一，通过海水淡化利用直接增加淡水供给总量。海水淡化利用是指将水中的多余盐分和矿物质去除得到淡水的过程。海洋中却蕴藏着丰富的淡水，其总量约占海水的97%，相当于13.3亿立方公里之多，是一个最大而又稳定可靠的淡水储库。通过海水淡化技术，将原来的海水转化为可以直接利用的淡水资源，可以直接增加淡水总量，从而通过开源增量有效缓解淡水资源缺乏的局面。

第二，通过海水直接利用可以减少淡水资源的消耗。海水直接利用技术，是以海水直接代替淡水作为工业用水和生活用水等相关技术的总称。海水直接利用主要包括海水直流冷却、海水循环冷却和大生

活用海水等，并以海水直流冷却为主。加强海水的直接利用，通过直接采用海水替代原来对淡水资源的使用，可以直接减少淡水资源的消耗，是解决沿海地区淡水资源紧缺的重要措施。

第三，海水利用具有巨大的开发空间。地球的表面有 71% 被水覆盖，其中 96.5% 是海水，而淡水只占 2.5%，可利用的淡水不足 1%。因此，相对于我国淡水资源总量较少的现实而言，海水资源总量较大，可以说取之不尽，用之不竭，开发空间非常巨大。

二、我国海水利用[①]已经取得了重要进展

国家高度重视海水利用的发展，特别是 2005 年国家发改委、国家海洋局、财政部联合发布《海水利用专项规划》（发改环资［2005］1561 号）以后，海水利用的发展更是大幅加快。2012 年，国务院办公厅印发了《关于加快发展海水淡化产业的意见》（国办发〔2012〕13 号），科技部、发展改革委组织编制了《海水淡化科技发展“十二五”专项规划》，国家发展改革委又制定了《海水淡化产业发展“十二五”规划》，此后海水利用作为主要内容经常被列入循环经济、节能环保、海洋经济等国家和地方重要规划中。如 2013 年印发的《循环经济发展战略及近期行动计划》（国发〔2013〕5 号）、《关于加快发展节能环保产业的意见》（国发〔2013〕30 号）、《国家海洋事业发展“十二五”

① 从解决水资源短缺的角度来讲，本部分分析的海水利用主要包含海水淡化利用和直接利用两个方面，不涉及海水化学资源利用。

规划》《适用于海岛的节能环保技术产品目录》《天津海洋经济科学发展示范区规划》《深圳市海洋产业发展规划（2013~2020 年）》等，以及地方的一些专项规划，如《浙江省海水淡化产业发展“十二五”规划》《河北省加快发展海水淡化产业三年行动方案（2013 年 ~2015 年）》和《青岛市海水淡化装备制造业发展规划》，都对海水利用有明确的要求。

（一）海水淡化利用的基本状况

近年来，全国已建成海水淡化工程总体规模增长较为迅速。截至 2013 年底，全国已建成海水淡化工程 103 个，产水规模 900830 吨 / 日，约为 2000 年 11350 吨 / 日的 80 倍。主要分布在沿海 9 个省市，具体来看，天津已建成海水淡化工程规模 317245 吨 / 日，河北已建成海水淡化工程规模 167500 吨 / 日，山东已建成海水淡化工程规模 165205 吨 / 日，浙江已建成海水淡化工程规模 120495 吨 / 日，辽宁已建成海水淡化工程规模 87664 吨 / 日，广东已建成海水淡化工程规模 30820 吨 / 日，福建已建成海水淡化工程规模 10931 吨 / 日，海南已建成海水淡化工程规模 870 吨 / 日，江苏已建成海水淡化工程规模 100 吨 / 日。

我国的海水淡化在技术研发、装备制造、工程设计建设和工程应用等方面都取得了较快的发展。国际上已商业化应用的主流海水淡化技术主要有反渗透（RO）、低温多效（LT-MED）和多级闪蒸（MSF）等三种主要技术。我国主要采取的是反渗透和低温多效海水淡化技术。截至 2013 年底，全国应用反渗透技术的工程 90 个，产水规模

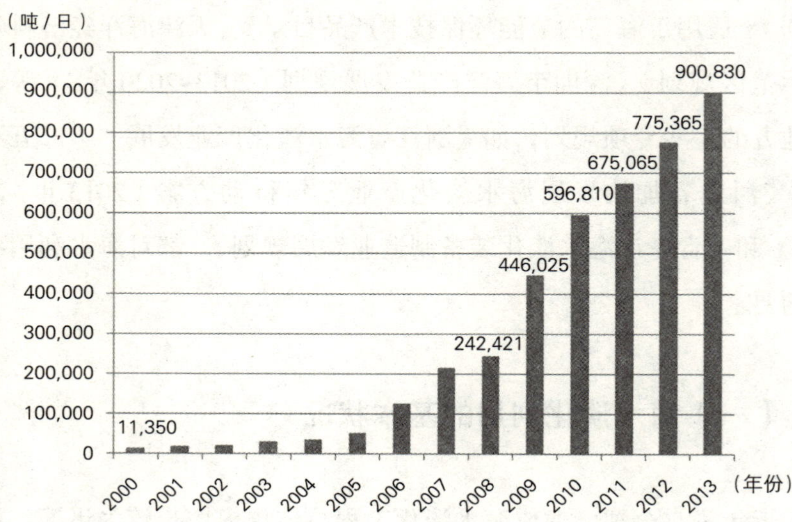

图 9-1　全国海水淡化工程规模变化情况

资料来源：Wind 资讯数据库。

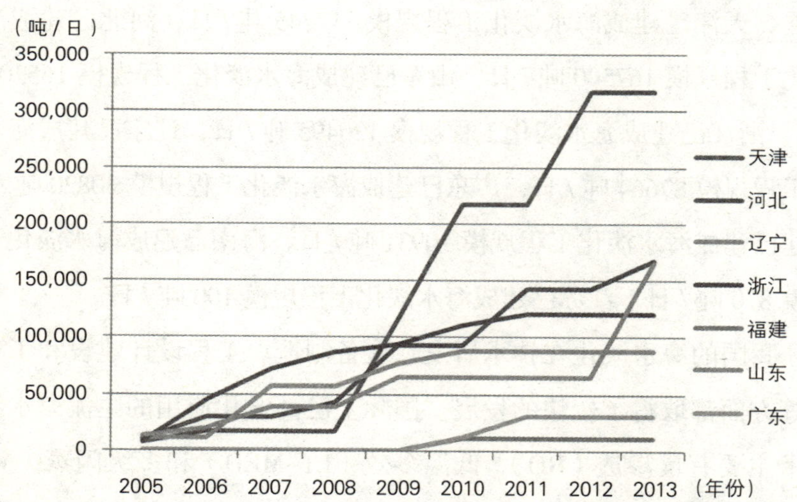

图 9-2　7 个主要省市海水淡化工程已建成规模

资料来源：Wind 资讯数据库。

573540 吨 / 日，占全国总产水规模的 63.67%；应用低温多效技术的工程 11 个，产水规模 321090 吨 / 日，占全国总产水规模的 35.64%。

在用途方面，北方以大规模的工业用海水淡化工程为主，南方以民用海岛海水淡化工程为主。截至 2013 年底，海水淡化水用于工业用水的工程规模为 637260 吨 / 日，占总工程规模的 70.74%。其中，火电企业为 30.43%，核电企业为 2.44%，热电企业为 3.33%，化工企业为 12.21%，石化企业为 14.00%，钢铁企业为 8.33%。用于居民生活用水的工程规模为 263330 吨 / 日，占总工程规模的 29.23%。用于绿化等其他用水的工程规模为 240 吨 / 日，占 0.03%。

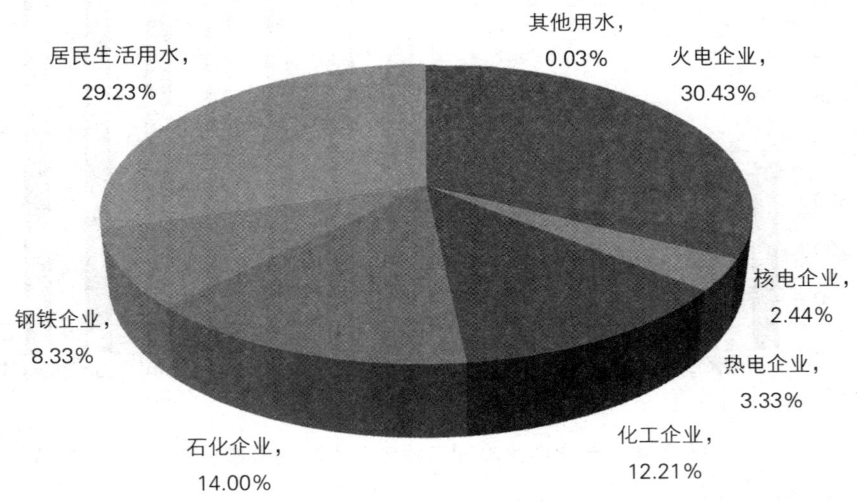

图 9-3　全国已建成海水淡化工程产水用途分布图

资料来源：国家海洋局，《2013 年全国海水利用报告》。

（二）海水直接利用的基本状况

近年来，我国海水直接利用也稳步增长，在缓解淡水资源短缺方面起到了重要作用。目前，我国的海水直接利用主要作为火（核）电的冷却用水，并且年利用海水量稳步增长（如图 9–4 所示），截至 2013 年底，年利用海水作为冷却水量为 883 亿吨。

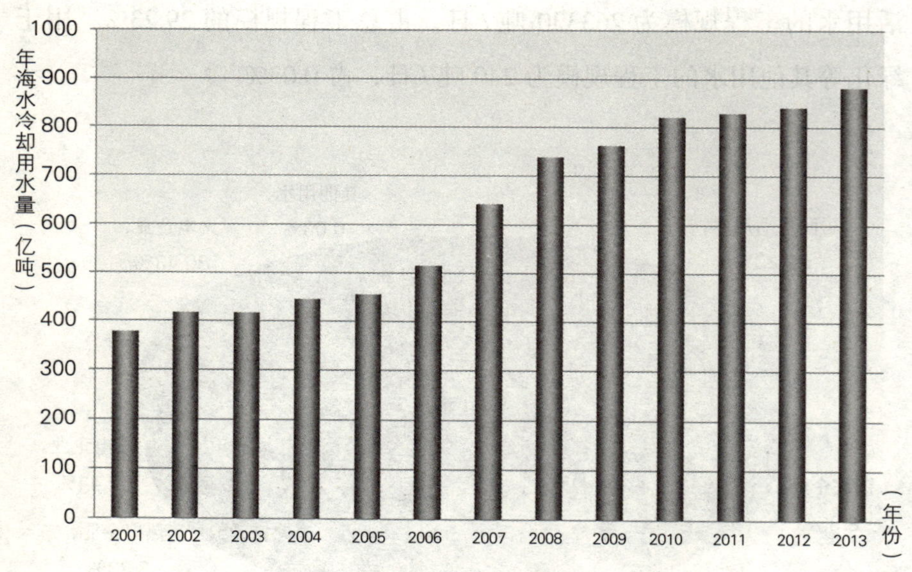

图 9–4　全国海水冷却工程年海水利用量增长图

资料来源：国家海洋局，《2013 年全国海水利用报告》。

国内海水直流冷却技术已基本成熟。大连、青岛、宁波、厦门、深圳等沿海城市的近百家单位利用海水作为工业冷却水，火电、核电等电力企业利用海水作冷却水量约占 90% 以上。从区域来看，截至 2013 年底，辽宁省、天津市、河北省、山东省、江苏省、上海市、浙江省、福建省、广东省、广西壮族自治区、海南省 11 个沿海省区市均有海水直流冷却工程分布。

三、我国海水利用过程中存在的主要制约因素

尽管近十年来，我国的海水利用已经有了快速的发展，但是受一些制约因素的影响，目前的海水利用与发展的目标要求相比，仍有较大的差距。以海水淡化为例，目前我国的海水淡化产能与《海水淡化产业发展“十二五”规划》中提出的到 2015 年我国海水淡化产能达到 220 万立方米 / 日以上的目标相比，仍有不小的差距。

（一）海水淡化成本较高，影响到推广使用

淡化海水成本问题一直是限制淡化水广泛利用的主要瓶颈，尽管海水淡化的成本逐年下降，目前每吨水的成本已经下降至 5 元 ~6 元左右，但这样的水价仍然远远高于国内城市的居民生活用水的价格。并且在海水淡化后输送上，采取长距离管道输送的造价及施工成本也非常高，因此，虽然目前我国已经具备了万吨级海水淡化的工程能力，但是过高的成本严重影响到海水淡化的推广使用，致使一些海水淡化设备处于闲置状态。

（二）国内海水利用的技术自主创新能力有待提高

从海水利用的现有技术水平而言，我国海水利用的技术领先于中东地区，但整体技术水平与世界先进水平还存在较大差距，具有自主知识产权的关键技术较少，设备制造及配套能力较弱。以海水淡化为例，尽管我国目前已建成的海水淡化项目的技术水平相对较高，但是核心设备有相当比例来自国外，国产化程度非常低，在国内已建成的万吨级海水淡化工程中，几乎全部采用国外技术。

（三）资金投入不足严重制约海水利用的发展

一方面海水淡化的成本高于传统供水价格，使得淡化水难以与传统水源独立开展市场化竞争，因此，必须加大补贴，降低淡化水的价格，才能促进海水淡化的推广利用；另一方面，针对海水直接利用，由于直接使用海水，必须改变原有使用淡水的器具的材质等，就势必存在前期工程改造投入较大的局面，让企业独自承担相应的费用，将会严重影响企业利用海水的积极性。目前在资金支持不足的情况下，致使海水淡化企业和设备制造企业难以正常运行。

（四）对海水利用的认识水平有待进一步提高

对于海水利用的重要性和紧迫性认识不够，目前的认识主要还是停留在成本收益的经济角度，并没有充分认识到海水利用在解决我国水资源短缺方面的战略价值。并且对于海水利用仍然存在着，如“海水淡化水不洁净”等认识误区。

四、相关对策建议

（一）以循环经济的角度，加强海水资源利用，降低海水利用的成本

降低成本是海水利用发展的关键因素。为了达到降低海水利用成本的目标，必须加强海水的循环利用，提升海水利用率。如一些企业利用的海水淡化前置发电技术，在制水过程前，能源用于发电，发电后产生的余热直接参与制水，实现了能源梯级利用，直接降低成本。另外，也可以利用海水淡化、海水冷却排放的浓缩海水，开展海水化学资源综合利用，形成海水淡化、海水冷却和海水化学资源综合利用产业链。同时，加大余热余压蒸汽和可再生能源及核能在海水淡化中的利用，合理利用热膜耦合和电水联产等工艺，有利于进一步降低海水淡化成本。

（二）全面提升我国海水利用的技术和产业化水平

一是集中国内海水利用相关专业的高校、研究部所的优势研究力量，全力搭建核心技术研发平台、公共检测服务平台，提升自主创新

能力，加快海水淡化等海水利用核心技术和关键部件的研发步伐。二是加强海水利用专业人才的引进与培养，支持沿海省份的高等院校设立相关专业，制定相应的奖励办法，鼓励对国外相关专业人才的引进。三是广泛开展国内外海水利用技术的交流合作，加强国际先进技术的学习与研究，紧跟国际先进的步伐，利于国内技术能力的提升。四是通过技术联盟等方式，集中国内科研院所、企业等优势力量，推动相关技术的产业化。

（三）通过多种方式加大对海水利用的投入力度

一是通过财政补贴等方式，加强政府对于海水利用的财政支持。为了扶持海水利用产业的发展，建议中央财政和地方财政加大资金投入力度，或者成立专门的海水利用支持基金，直接支持海水利用的技术研发、海水设备生产与制造、海水利用企业等。二是制定和完善有关海水利用的税收优惠政策，给予海水利用企业相应的政策优惠，如研究制定海水利用和开发企业的所得税、增值税及营业税等的相关优惠政策等。三是鼓励金融机构创新信贷品种和抵押方式以及支持符合条件的海水淡化企业通过发行股票、债券等多种方式筹集资金多方式，加强对于海水利用企业的金融支持。四是制定引导社会资本投资海水利用的管理与奖励办法，加大社会资本投资海水利用的力度。

（四）按照试点先行的原则，加强示范工程建设的方式，因地制宜推进海水利用产业发展

一是继续推行试点先行的原则。按照2013年国家发展改革委印发的《关于公布海水淡化产业发展试点单位名单（第一批）的通知》（发改办环资［2013］480号）和《关于公布海水淡化产业发展试点单位名单（第二批）的通知》（发改办环资［2013］2226号）所确定的试点城市名单，加强对于试点城市海水利用产业发展的规范指导。二是根据各地不同的实际情况，综合考虑成本收益以及战略利益等因素，确定海水利用的类型。如在北方电力等工程较为密集的地区，加强海水直接利用工程的建设，在南方加强针对海岛生活用水的海水淡化工程的建设等。三是重视海水利用示范工程的建设力度。积极开展海水淡化和海水直接利用的新技术、新工艺的应用示范，根据功能的不同，加强不同类型示范工程的建设，如根据不同海域情况，采用膜法、热法或热膜耦合等工艺，建设一批大型海水淡化工程；建设海水淡化水进入市政供水系统的试点工程等。

（五）加强宣传，提升对海水利用的认识水平

一方面，管理部门要全面认识海水利用的战略价值和经济价值，特别是要充分认识到海水利用在缓解淡水资源短缺方面的价值；另一方面，要通过电视、网络、报纸等公开媒体全面介绍海水利用相关知识，以及举办展览会和组织参观示范工程等等多种方式，引导民众增

强水资源忧患意识，充分认识海水利用的重大意义，并客观看待海水淡化和直接利用，走出“海水淡化水不洁净”的认识误区，利于海水利用的全面推广。

第 十 章

我国城市水资源短缺及应对措施

"水是生命之源、生产之要、生态之基"。城市作为经济、人口和用水最集中的区域，伴随着城市经济的快速发展、城市人口的迅速增加、居民生活水平的不断提高，城市水资源的需求进一步加大，水资源短缺已成为制约城市可持续发展的关键因素。

一、我国城市水资源供需矛盾日益突出

我国是一个淡水资源缺乏的国家，人均水资源占有量为 2100 立方米，仅为世界平均水平的 28%，列世界第 125 位，正常年份全国年缺水量 536 亿立方米。与此相对应，全国 657 个城市中有约 400 个城市缺水，110 个城市严重缺水。据水利部对 4555 个城市饮用水水源地的调查，水量不合格的水源地已经达到 1233 个，占到水源地总数的 27%。目前我国正处于工业化、城镇化快速发展的重要阶段，随着工业化的深入推进，城市工业企业不断增多，对于水资源的需求将逐步增加；另外，城镇化水平将不断提高，截至 2013 年底，全国城镇常住人口达 7.3 亿，城镇化水平为 53.73%，每年将有 1000 多万的人口

转移到城市。另据预测，到2030年城镇人口将再增加近3亿，城镇人口的大幅增加必将导致城市水资源供需矛盾更加凸显。

二、我国城市水资源管理面临的突出问题

（一）城市水资源紧缺与水资源污染、浪费并存

当前，我国城市水资源极度短缺，但城市水资源污染和浪费现象却较为普遍。一方面，由于工业企业快速发展与城市人口的不断增长，城市工业与居民生活污水排放量大大增加，大量生活污水、工业废水未经处理，偷排进入河道、湖泊、水库，造成水体严重污染。另一方面，城市污水设施建设严重滞后，将近10%的城市还没有污水处理厂。有858个县城没有投入运行的污水处理厂，大部分建制镇还没有污水处理厂，加之一些污水处理厂运行效率不高，致使接近一半的污水得不到有效处理，严重影响了城市的水质。据统计，有50%的城市地下水遭到不同程度的污染。4555个城市饮用水水源地的综合评价结果表明，有638个饮用水水源地水质不合格。另外，长期以来珍惜水资源意识较为淡薄，生产、生活用水使用效率不高，水资源浪费问题非常突出。

（二）城市的建设项目审批普遍缺乏水资源条件论证

尽管城市缺水现象日益严重，一些城市的建设项目已经出现了供水紧张的情况，但一直以来，我国对于城市建设项目前期缺乏水资源论证，未能真正根据城市水资源承载能力情况指导当地经济发展与项目建设，往往都是将水资源论证置于事后，即项目建设完成后，再进行水资源的支撑论证，由此，一些高耗水项目得以顺利实施建设，特别是在一些缺水城市，较多高耗水项目的存在，就不可避免地出现项目落地后，供水难以正常保障，再被动协调供水的情形，加之还会出现相关项目单位逃避审查、虚报用水信息等现象，更加剧了供水协调的难度，严重破坏了城市供水的总体规划。

（三）投入不足致使城市水务基础设施建设滞后

当前城市的水务基础设施建设普遍严重滞后于城市经济社会发展，而资金缺乏一直是困扰城市水务设施建设的重要瓶颈之一，资金缺乏的主要原因有：一是政府财政投入水务基础设施占财政总支出的比重普遍较低；二是当前的资金投入主体过于单一，主要依赖政府投入，市场化投资主体的资金进入不足；三是融资方式开发不足，主要是以政府直接投资为主，对于其他项目融资方式涉及较少；四是由于责任主体不明确，“谁污染、谁治理”没有得到明确落实，相关单位的投资责任没有履行，加剧了投资的不足。

（四）城市水资源管理仍然严重滞后于城市发展需要

近年来，随着城市供水的日益紧张，我国也开始逐步重视城市水资源管理，但是仍严重滞后于城市发展的需要，主要表现在：一是涉水管理部门仍然存在着职能交叉、权责不清。目前，我国许多地区已经推行了水资源统一管理的水务局模式，在水利部门的原有职能基础上再加上供水、节水和排水的行业管理职能，但是，仍然与建设、环保等多个部门存在着职能交叉，如污水处理方面就与环保部门有着很多的交叉。二是目前尚未形成健全完善的水资源价格体系，长期以来的政府定价过低严重抑制了价格杠杆作用的真正发挥，直接影响到用水单位（户）节水的动机与意愿。同时，城市自来水、中水比价关系也不利于水资源合理的调配。三是对于节水、污水处理项目重视程度不够，导致很多城市建设项目缺乏节水和污水处理设施。另外，对于一些节水、污水处理项目的审批周期较长，致使个别项目在申报时的规格，项目批准落实后，已难以满足实时的应对容量需求。四是水务管理队伍素质有待提高。由于水务工程维护人员多为编外员工，人员流动变化较大，并且文化层次相对较低，严重影响了供水工程的管养维护。五是相关的法律法规及其配套实施细则不到位，使得管理缺乏依据或者由于缺乏有针对性的实施细则，影响了已有法律法规的可执行力。

三、多措并举——缓解城市水资源短缺态势

（一）开源与节流并举，增强城市水资源保障能力

一是不断开拓城市的来水源。首先，要鼓励城市建立雨水收集系统，充分利用雨洪这一重要的水资源；其次，要把再生水利用作为开拓城市来水源的一个重要方向，加强城市中水回用系统建设，为中水利用创造基础条件；最后，鼓励在一些沿海城市开展海水淡化的研究与推广利用。

二是尽可能地提高水资源的循环利用效率。采用高新技术和先进适用技术对现有水耗大、排污多的项目进行节水技术改造，提高企业内部用水的重复利用率；严格实行建设项目的节水设施必须与主体工程同时设计、同时施工、同时投产使用，并且建设项目实施阶段，更要强化节水及水循环利用的具体落实；另外，还要加强城市居民生活用水中的节水仪器的推广与利用，提高城市居民生活用水的效率。

三是加快推进水价改革，发挥水价的市场调控作用。合理调整居民生活用水水价，拉开高耗水行业与其他行业的水价差价。推行工业和服务业用水超额累进加价制度，创造条件，加快居民用水阶梯水价的试点与全面推进工作，调整自来水、中水价格比例，充分发挥水价在节水中的经济杠杆作用，力促用水单位（户）自觉提高节水意识。

（二）加强城市水资源保护，全面遏制水环境恶化态势

一是提升城市的污水处理能力。加快城市污水处理设施的建设与

全面升级，提高城市污水的集中处理率，要采取行政、法律、市场相结合的方式，可考虑运用利益补偿机制和合理确定污水处理收费标准等，保障污水处理厂的建设和市场化运行；加强污水管线的建设与改造，提高污水的回用率。

二是强化城市水环境保护。首先，依法取缔饮用水水源保护区内的违法建设项目以及污水排放口。其次，坚持污染物排放总量控制，在削减污染物的同时补充生态环境用水，逐步改善水环境质量，恢复和保护水体生态功能。最后，加快制定并落实对水源地的生态补偿机制。当前由于缺乏相应的生态补偿机制，水源保护地人民群众的利益未得到有效补偿，导致在水务执法中的冲突摩擦事件时有发生，应抓紧制定相应的生态补偿机制，通过现金补贴或其他方式对于利益受损群体进行明确合理的补偿。

三要加强宣传，强化居民节约保护水资源意识。通过对城市水情的介绍与宣传，提高居民的水忧患意识、节水意识和水资源保护意识，广泛动员全社会力量参与到水资源节约与保护行动中来。

（三）提高对城市新建项目水资源论证的重视程度，力促建立节水型产业体系

要牢固树立根据城市水资源的承载能力实行以水定产、以水定发展规模的意识。具体来看如下。

一是高度重视建设项目审批的水资源论证。特别是在一些缺水城市，在城乡建设项目规划及立项阶段，就要强化水资源保障支撑能力

综合论证，明确建设项目水源利用的条件，将水资源论证作为项目获批的重要判断标准。

二是完善用水总量控制和定额管理制度。对用水大户建立监测监管机制，对于总量已达到或超过标准的暂停审批建设项目新增取水，对于用水总量接近控制指标的地区，暂停审批建设项目新增用水，引导将产业布局与用水总量紧密挂钩，鼓励发展能耗小、水耗小、排污少的高新技术产业和环保型产业，严格控制高耗水型项目的发展。

三是加快节水、治水等项目的审批进度。在不影响正常审批程序的前提下，不断提高审批效率，避免出现因审批时间过长影响项目实施方案执行效果的情形。

四是强化监管考核，建立明确的管理责任和考核制度。完善目标考核体系和考核奖惩办法，形成完整的管理责任体系，明确责任主体，加强信息核查，确保管理制度得以真正落实。

（四）加快构建多元化的融资体系，保障城市水利基础设施建设

针对水资源行业的水源防护、防洪、供水、排水、水环境、再生水利用、节水等各个方面工程的不同性质和不同环节，明确政府与企业的主体责任，充分调动各方的积极性，更好地为城市水务行业健康发展提供资金保障的同时，要注重构建多元化的融资体系。

一是继续加大公共财政资金的投入。在保证将土地出让收益的10% 投入城市水务行业外，尽可能地加大公共财政的投入力度，鼓励

通过发行市政债券等方式，多方筹集资金。

二是引导金融机构资金的投入。鼓励与引导银行信贷、融资租赁公司等金融机构资金加强对城市水务项目的投入。

三是加强社会资金的引入。在城市水务行业的一些领域和环节，在政府资金的引导下，可以采取BOT、BT、项目代建制等多种方式，吸引社会建设资金的投入。

（五）加强相关法律法规建设，提升水资源管理能力

一是完善相关的法律法规。尽管已经颁布了一些城市水资源管理的法律法规，但各个地区的水资源差异较大，因此，敦促各地因地制宜出台相关的配套实施管理办法与细则，保障法律效力的正常发挥。另外，在一些如节约用水、排污权交易等方面仍然缺乏一些法律，应该逐步加以完善。

二是厘清相关部门的责任，改变多头治水的局面。对涉水事务进行统筹考虑，强化水务统一管理，推行建立集防洪、水源、供水、用水、节水、排水、污水处理及回用一体化管理的水资源管理模式。

三是加强水务管理队伍建设。首先要加快推进水利工程维护管理改革，按照公益性、准公益性和经营性三种标准对水务工程管理单位进行分类，推动定岗定编改革，逐步实行聘用制，提高水务管理人员的积极性。另外，要注重提高水务工作人员的业务素质，加大管理人才、专业技术人才、技能人才、基层水务人才的培养与引进力度。

第 十 一 章

缓解首都严重缺水态势的对策建议

水资源极度紧缺是北京市的基本水情。随着城市快速发展和人口刚性增长，人多水少的矛盾更加突出，水资源消耗量大大超过北京市水资源供给能力，缺水已成为制约城市发展和首都功能发挥的第一瓶颈。

一、当前首都水资源供需矛盾已相当突出

（一）可利用水资源严重匮乏，已难以保障首都供水安全

第一，人均水资源量远低于国际公认的缺水警戒线。北京市是我国最为缺水的大城市之一，2010 年末北京市常住人口 1961 万人，按照 1999 年以来本地年均水资源量 21 亿立方米计算，年人均水资源量仅为 107 立方米，远低于国际公认的年人均 1000 立方米的缺水警戒线，且随着常住人口的逐步增加，人均水资源量下降态势仍将持续。

第二，降水和来水均严重不足，可利用水资源急剧减少。

1999~2010 年年均降水量为 475 毫米，形成地表水资源量 7.3 亿立方米，地下水资源量 17.1 亿立方米（扣除地表地下水重复量后，地下水资源量 13.7 亿立方米），水资源年均总量为 21.0 亿立方米。与过去常年相比，近 11 年年均降水量减少 20%，水资源总量减少 44%，入境水量减少 77%，两库（密云水库和官厅水库）来水减少 79%，可用水资源急剧减少。

第三，地下水超采严重，城市应急水源已接近开采极限。自 2003 年以来，怀柔、平谷、昌平等应急水源地陆续建成，开采初期地下水埋深在 10 米左右，而开采以来年均下降 3~5 米，本应遵循开采两年、涵养三年的原则，但现在不得不每年都在动用，目前埋深均超过 40 米，已接近开采极限。

（二）"十二五"时期水资源供需缺口将逐年加大，首都水资源保障风险持续增大

"十二五"是北京历史上水资源供应最困难的时期，尤其是城六区供需硬缺口将逐年加大。据预测显示，2011~2015 年全市年用水量为 37.2~41.1 亿立方米，其中生活用水 16.2~18.6 亿立方米，城六区年用水量 16.5~17.9 亿立方米，其中生活用水 10.5~11.7 亿立方米，按 2009 年和 2010 年年均来水 20 亿立方米预测，通过继续超采地下水、动用密云水库库存、扩大再生水利用等措施后，城六区年均仍存在 4.5 亿立方米城市供需硬缺口；其中 2011~2014 年每年分别缺水为 3.7、3.8、6.5、6.6 亿立方米，即使 2015 年南水北调工程年调水 10 亿

立方米，给城区配置 8 亿立方米，在应急水源地停止开采、城区自来水水源井涵养、自备井置换的情况下，仍将缺水 1.9 亿立方米。随着城市经济发展和人口迅速增加，生活用水刚性需求将加快增长，未来水资源的供需矛盾势必会更加突出。

二、首都水资源管理的主要问题

（一）外地调水难度日益增大，水资源供给约束更加凸显

在本地水资源难以满足需求的情况下，从外地直接调水已成为缓解供水危机的主要途径。2010 年北京市先后从境外两次集中调水，第一次从河北省调水 2 亿立方米，第二次从河北、山西省调水 4000 万立方米。自 2003 年以来，北京市已累计从河北、山西两省集中调水 8 次。由于南水北调工程由 2010 年调整到 2014 年建成通水，3~5 年内将不能形成规模调水，因此从周边省市直接调水势必将成为主要选择。经调研发现，调水协调难度越来越大。首先，双方确定调水价格时，达成一致的难度越来越大，由于过去都是以较为低廉的价格进行调水，且未给予水源供给地相应的生态补偿，直接影响到当地的利益，难免会受到当地居民的抵触。另外，河北、山西省本就属于缺水省份，在自身的水资源供需尚存在缺口的情形下，向北京输水有较大的难度，进而势必会增加协调的成本。

（二）对新建项目缺乏水资源论证，高耗水项目未得到有效遏制

一方面，在新建项目的论证审批时，对于水资源消耗的论证重视程度不够，往往是以事后论证为主，并且所涉及指标也不够全面，加之相关项目单位逃避审查、虚报用水信息等现象时有发生，致使经常出现项目落地后，再被动协调供水的情形，严重破坏了城市供水的总体规划。另一方面，在严重缺水的情况下，一些高耗水项目仍然未得到有效遏制。如在服务行业中，一些享受型的水消费场所仍然不断增长。统计显示，北京市现有3000余家洗浴中心、175家高尔夫球场及练习场、22家滑雪场和9000余家洗车店，上述行业每年的消耗水量挤占城市用水量的10%左右。

（三）资金投入严重不足，水利基础设施建设明显滞后于城市发展

资金缺乏一直是困扰水利行业发展的重要瓶颈。一是政府投入力度有待加强。自2000年以来，北京基础设施投资快速增长，但对于水利的投资增长缓慢，水利投资仅占基础设施投资的2%~3%。二是融资手段单一。当前的资金投入主体过于单一，主要依赖政府的直接投入，对于银行信贷等其他融资方式涉及较少，导致投资严重不足；三是由于环境治理责任主体不明确，“谁污染、谁治理”没有得到明确落实，相关单位的治理责任没有履行，加剧了环境治理投资的不

足。投资缺口的不断增大导致治理污染的历史欠账较多、供排水设施建设滞后等。

水利基础设施的严重滞后极大影响了供水保障能力。2009 年城区供水安全保障系数仅为 1.06[①]，几乎处于饱和状态，与国际通常的 1.3~1.4（东京为 1.5）安全系数相比尚有较大差距。其突出表现在：第一，未形成污水、雨洪管道的有效分离，即：排水管道雨污不分，使得雨水连同污水一起排放，雨洪得不到有效利用；第二，独立的中水（再生水）管道缺乏，仅建成部分区域性管网；第三，输配水系统设施老化，一些已接近 50 年的设计寿命，加之缺乏相应的维护，跑冒滴漏现象严重，如自来水配水系统的漏损率高达 16%，远高于日本东京和新加坡不到 5% 的漏损率；第四，个别区县供水仍为单路取水和单路供水系统，如遇管道爆裂等突发事件，很容易出现停水而造成严重后果，一定程度上影响到首都城市供水安全；第五，污水处理设施能力不足，特别是一些郊区县，其污水处理率仅为 52.4%，严重影响到水资源的循环利用和水环境安全。

（四）水资源管理机制亟待完善

第一，就水价而言，目前尚未形成健全完善的水资源价格体系，地表水、地下水、中水比价不合理以及污水处理费定价过低等，导致水资源价格的杠杆作用未能得到真正发挥，严重影响到用水企业节水

① 供水安全保障系数是指城市供水能力与日最高需水量的比值。

的动机与意愿。第二，水利管理队伍素质有待提高。由于水利工程维护人员多为编外员工，人员流动变化较大，并且文化层次相对较低，严重影响了供水工程的管养维护。第三，相关的法律法规及其配套实施细则不到位，这往往会造成管理缺乏依据，或者由于缺少有针对性的实施细则，影响已有法律法规的可执行力。

三、缓解首都严重缺水态势的对策建议

（一）多措并举，积极开拓水源

第一，积极探索跨区域水资源联合开发方案。在北京市自有水资源难以满足需求的背景下，要积极探索京津冀区域水资源联合开发方案。具体内容包括：国家应根据京津冀区域的水资源状况及联合开发的需求，给予一定的扶持政策；南水北调、引黄工程应根据水源情况适当增加对京津冀的调水总量；北京市应充分发挥技术和资金优势，统筹京津冀区域水资源的合理开发和调配利用，增强首都水资源供给保障能力。

第二，高度重视雨洪的收集利用。雨洪是一种重要的水资源，要将雨洪利用作为城市建设的重要环节，落实到区域规划和基础设施建设中，要加强雨污管道的分离工作，加快雨洪收集、输配设施的建设改造；要充分利用闸坝调控夺取雨洪资源；公共场所要强制推行环保型透水地面砖、下沉式绿地、环保型雨水口、孔隙蓄水池等设施续存

雨水。

第三，加大力度支持海水淡化和再生水等非常规水源的综合利用。尽管南水北调工程来水后，首都水资源紧张局面会得到一定缓解，但完全依靠南水北调工程解决水资源问题，无论从经济、环保还是社会角度看都是不现实的，为此要鼓励海水淡化和再生水等非常规水源的综合利用。一要制定鼓励和扶持非常规水源综合利用的政策。在当前情况下，调水工程长度超过 1000 公里，成本就必然会大大超过海水淡化[①]。在我国，供水价格由政府制定，政府补贴导致水价相对较低，未真正反映其市场价值，而海水淡化主要靠市场化运作，其产业化发展就面临着不公平竞争。因此，要制定有针对性的扶持政策，如对海水淡化的供水企业给予电价优惠、税收减免等。对再生水而言，在继续维持原有的对使用再生水用户免缴水资源费和污水处理费的基础上，加快制定其他补贴办法，鼓励相关用水单位用再生水替代自来水。二要加快提高再生水厂的处理能力。加强对现有污水处理厂的升级改造，提高污水的再利用率，要求新建污水处理厂全部建为再生水厂。三要积极推动现有市政供水管网与新建中水管网、淡化海水供水管网的配套与连接，为非常规水源进入市政供水管网创造便利条件。加大投入，加强供排水设施的建设，特别是要加快建设独立的中水管网，并且做好与供水管网的有效连接，另外，还要加快统筹安排淡化海水输送管道的规划与建设。

① 据西班牙科学家测算，当调水超过 1000 公里，那么到输水终端时，成本甚至相当于海水淡化的四倍。

（二）强化节水管理，提高水资源利用效率

第一，严格执行“三个前置、两个许可”制度。所谓“三个前置、两个许可”，是指水资源论证、水土保持方案编制和洪水评价等三个项目前置条件以及取水许可和排水许可等两个许可。具体来说，一是在城乡建设项目规划及立项阶段，要强化水资源保障支撑能力综合论证，严格三个前置论证条件，明确建设项目水源利用的条件。二是完善用水总量控制和定额管理制度。对年用水超过一定规模以上的用户建立监测监管机制，用水总量控制要逐步落实到区县、乡镇、街道和用水户，对于总量已达到或超过标准的暂停审批建设项目新增取水，对于用水总量接近控制指标的地区，暂停审批建设项目新增用水，引导区县将产业布局与用水总量紧密挂钩，鼓励发展能耗小、水耗小、排污少的高新技术产业和环保型产业，严格控制高耗水型项目的发展。三是强化管理制度执行的监管考核，建立明确的管理责任和考核制度。完善目标考核体系和考核奖惩办法，形成完整的管理责任体系，明确责任主体，加强信息核查，确保管理制度得以真正落实。

第二，最大限度地提高水资源的循环利用效率。加强对于单位产值水耗超过一定标准的用水企业的监管，敦促其采用高新技术和先进适用技术对现有水耗大、排污多的项目进行节水技术改造，提高企业内部用水的重复利用率；严格实行建设项目节水“三同时”（节水设施必须与主体工程同时设计、同时施工、同时投产使用），并且建设项目实施阶段，更要强化节水及水循环利用的具体落实。

第三，提升城市的污水处理能力。加快城市污水处理厂的建设与

全面升级，提高城市污水的集中处理率，要采取行政、法律、市场相结合的方式，推动污水处理厂的建设和市场化运行；加强污水管线的建设与改造，提高污水的回用率。

第四，注重水利设施的系统化建设。要本着统筹规划、科学布局、超前建设的思路，深刻认识到水利设施的各子系统之间的紧密关联，既要注意整体的协同建设，又要根据各子系统不同的问题有针对性地加强建设。如针对再生水回用系统建设滞后的特点，要延伸、加密再生水管道；对于旧城区的供水管道，要注重做好加速更新工作。

（三）加快构建多元化资金保障机制

针对水利行业的水源防护、防洪、供水、排水、水环境、再生水利用、节水等各个方面的工程，按工程性质厘清政府与企业等主体责任的基础上，着力构建多元化的资金保障机制。具体建议如下：除将土地出让收益的10%投入水利行业外，应尽可能地加大公共财政的投入力度；通过发行市政债券等方式，多方筹集资金；鼓励与引导银行信贷、融资租赁公司等金融机构资金加强对水资源项目的投入；在政府资金的引导下，采取BOT、BT等多种方式，吸引社会建设资金的投入；创新项目管理方式，逐步实行项目代建制，实现市场化、专业化管理。

（四）进一步深化相关领域改革，完善相关的法律法规

第一，加快推进水利工程维护管理改革，保障工程经费制度化，提高水利管理人员的积极性。按照公益性、准公益性和经营性三种标准对水利工程管理单位进行分类，推动定岗定编改革，逐步实行聘用制。将经营性水利工程单位交由市场操作，探索多样化的水利工程管理模式。水利工程维修养护人员、准公益性水管单位中从事经营性资产运营和其他经营活动的人员，不再核定编制。同时，要注重提高水利工作人员的业务素质，加大管理人才、专业技术人才、技能人才、基层水利人才的培养和引进力度。

第二，完善相关的法律法规。尽管已颁布了一些城市水资源管理的法律法规，但对水资源的管理还是比较粗放、不够完善。因此，建议根据首都发展及对水资源需求的状况，尽快出台相关的配套实施管理办法和细则，以保障法律效力的有效发挥。另外，在一些如节约用水、排污权交易等方面仍然存在一些法律的缺失，建议逐步加以补充、完善。

附 录

城市水价改革面临的几个关键问题

十八届三中全会《中共中央关于全面深化改革若干重大问题的决定》(以下简称《决定》)提出“加快自然资源及其产品价格改革，全面反映市场供求、资源稀缺程度、生态环境损害成本和修复效益。”城市水价改革亦不例外，须加快推进反映市场供求、资源稀缺、环境保护要求的水价形成机制改革。结合城市水价的现实状况，为顺利推进水价改革，需要重点关注以下几个关键问题。

(一)建立健全水价成本核算制度，明确城市水价成本的核算科目及参考标准

城市水价实际采取的是平均成本加成定价的方法，成本核算是其中的关键环节。当前为了更好地推进水价改革，必须建立健全成本核算制度。具体来看，一方面，完善成本核算的科目，推进“全成本”核算。现有《城市供水价格管理办法》规定的供水成本仅涉及直接费用项目，并未体现《决定》中提出的基本要求，当前应在对“从源头到龙头”的全过程进行分析的基础上，本着全成本核算的原则，确定核算的科目。另外，制定成本指标的参考标准。在平

均成本加成定价的方法下，如果在市场竞争充分的前提下，可以自动获得一个相对有说服力的平均服务成本作为参考标准。国内供水行业市场化程度较低，尚未自动形成一个行业的社会平均成本作为参照和比较，《城市供水定价成本监审办法（试行）》对每项费用指标的核算方法作出了规定，并没有规定指标的参考指导标准。针对当前供水企业机构臃肿、低效率运营普遍引致成本较高，加之供水市场区域内垄断经营严重的现实状况，为了规范和激励企业的高效经营，本着循序渐进的原则，督促各地可先就关键的几个成本指标制定一定的参考指导标准，在标准基础上建立相应的奖惩制度，激励供水企业建立健全业绩考核体系，从而改变用水户为供水企业的低效率经营“买单”的情形。

（二）推行供水企业成本信息公开制度，确保成本信息真实可靠

供水成本是水价调整的重要依据，其真实性直接影响到水价调整的合理性，推进成本信息的公开透明是保障信息真实可靠的关键举措。根据《关于做好城市供水价格调整成本公开试点工作的指导意见》（以下简称《成本公开指导意见》）的要求，选取的试点城市在启动调价程序时，要对供水企业有关经营情况和成本数据进行公开，并鼓励供水企业定期公开成本，但当前执行情况并不理想，供水企业成本信息的不公开透明一直是饱受诟病的重要问题，严重制约着水价改革的推进。为此，第一，建立供水企业的成本信息定期公开制度。在

《成本公开指导意见》的基本要求基础上，建议明确成本公开的指标清单及公布频率，强制性要求供水企业定期公开。第二，强化成本监审，力促成本信息真实可靠。一是完善财务成本监审制度，要求企业建立符合财务管理标准的完整真实的成本台账，并引入第三方审计，增强审计客观公正性；二是强化成本的社会监督。通过建立网络互动交流平台、电话热线等公众参与方式，提升公众参与成本监审的程度；三是建立成本监审报告的公开制度，接受社会监督。第三，价格主管部门和供水企业要联合设立对成本公开信息的咨询、反映意见、投诉等专门的应对反应平台，并在价格听证会时对意见反馈的情况作出说明。

（三）消除长期制约阶梯水价实施的关键因素，切实推进阶梯水价制度

早在1998年国家发展改革委、原建设部颁布的《城市供水价格管理办法》就明确提出实行阶梯水价，但推进较为缓慢。近期出台的《关于加快建立完善城镇居民用水阶梯价格制度的指导意见》（以下简称《指导意见》）明确提出了2015年底前，设市城市原则上要全面实行居民阶梯水价制度的目标。为了切实保证居民阶梯水价的顺利实施，必须要制定相关实施细则，消除长期阻碍阶梯水价改革推进的关键因素。一是按照《指导意见》的要求，尽快摸清户表改造的“家底”，确定“一户一表”改造的投入机制，特别是要提高政府财政资金的投入比重，做好阶梯水价实施的基础保障，避

免重蹈由供水企业过多承担相关费用影响实施的覆辙。二是尽快结合《指导意见》给出的人均阶梯用水量的建议值，根据家庭人口的组成、季节的变化，综合确定“家庭的阶梯用水量”和“计价周期”，增强阶梯水价实施的可操作性。三是一、二、三级价差的比例方面，根据《指导意见》提到的第二级水量覆盖家庭用户的比例已达到95%，目前应先适当加大第三级价差的比例，然后再择机提高第二级水价价差的比例，逐步培养居民的节水意识。四是督促各地根据《指导意见》的总体目前要求，尽快制定推进阶梯水价的计划进度和时间表。

（四）重视水价调整中的承受力测评，尤其要关注居民心理承受力的调查分析

在价格调整过程中，需要对用户的承受能力进行测评，保证价格上涨在可承受范围之内。除了极少数城市以外，一般城市在价格调整前，都作了一定的承受能力测评，通常的做法是利用国际上形成的一般标准，即居民水费支出占收入2%的计算标准，按照现行的水价水平，各个城市的水价调整基本都在承受力范围之内，这就使得价格承受能力的测评成了“走程序”。其实，价格水平的承受能力包括经济承受能力和心理承受能力两个方面，经济承受力主要考察的是调整后的价格水平与当前的收入之间的对比，而心理承受力则主要关注的是一次涨价的幅度和频率。我国水价较低的现实情况下，经济承受能力的影响效应相对不明显，对于居民心理承受能力的调查分析更为重

要，若价格上涨幅度过大或太频繁，居民用户的社会反应就会更为强烈，容易带来社会负面影响。而当前我国城市水价的调整恰恰缺乏对居民心理承受能力的调查分析。就调整频率而言，参考世界其他国家的做法，每次水价调整的价格周期为 3~5 年，至少间隔 2~3 年；调整幅度方面，结合各个城市水价调整的历史数据，建议一次水价调整的幅度不超过 30% 为宜。

（五）采取综合措施，真正解决供水行业的“低价低质”问题

调研显示，在现有的水价水平下，各地的供水企业都面临着较大的生存压力，普遍处于亏损状态，甚至出现水价低于供水成本的“倒挂现象”，更是难以达到《城市供水价格管理办法》中提到的合理收益标准。在自负盈亏的运营模式下，为了降低运营维护成本，除对出厂水进行严格检测以外，较少顾及出水厂后直到终端用户的水质，使得“低价低质”现象较为普遍，严重制约着城市水价改革的推进。首先，建立健全供水企业的投融资机制。在目前水价较低且由政府直接定价的现实背景下，可以财政资金为基础建立价格补贴机制，考虑到终端用户补贴必须以水价大幅提高为前提，水价提高可能会造成严重的社会负面影响，建议目前在推进供水成本公开透明的前提下，以补贴供水企业为主；鼓励有条件的地区设立基础设施专项或以市政债、BOT 等方式筹集资金，支持供水基础设施建设。其次，推进企业的兼并重组，特别是在一些水务企业发展较快

的大中城市，鼓励实行水务相关产业链企业的一体化，通过产业链成本分摊实现供水行业的成本内部化。另外，针对供水企业的运营效率较低的现实状况，适当引入市场竞争机制，激励企业通过提升效率来降低成本。最后，必须提升水质的检测能力，建立对供水企业水质的硬约束，切实解决“低价低质”这一阻碍城市水价改革的难题。

参考文献

[1] 中共中央关于全面深化改革若干重大问题的决定．北京：人民出版社，2013

[2] 国务院发展研究中心，世界银行联合课题组．2030 年的中国：建设现代、和谐、有创造力的高收入社会．北京：中国财政经济出版社，2013

[3] 刘世锦主编．中国经济增长十年展望（2013—2022）——寻找新的动力和平衡．北京：中信出版社，2013

[4] 刘世锦主编．中国经济增长十年展望（2014—2023）——在改革中形成增长新常态．北京：中信出版社，2014

[5] 刘世锦．陷阱还是高墙？中国经济面临的真实挑战和战略选择．北京：中信出版社，2011

[6] 刘世锦．传统与现代之间：增长模式转型与新型工业化道路的选择．北京：中国人民大学出版社，2006

[7] 国务院办公厅．关于实行最严格水资源管理制度的意见，2012

[8] 国务院办公厅．关于加快发展海水淡化产业的意见，2012

[9] 科技部，国家发展改革委．海水淡化科技发展“十二五”专项规划，2012

[10] 国家发展改革委．海水淡化产业发展“十二五”规划，2012

[11] 水利部．中国水资源公报（1997~2012）

[12] 国家海洋局．2013 年全国海水利用报告，2014

[13] 王浩．海水淡化产业需要政府全方位扶持．中国科学报，2014 年 9 月 30 日

[14] 谷树忠，曹小奇，张亮．关于实施“最严格的水资源管理制度”的建议．国务院发展研究中心调查研究报告择要，2011 年第 148 号

[15] 谷树忠，胡咏君．水安全：内涵、问题与方略．中国水利，2014 年第 10 期

[16] 曲冰，李佐军 . 加快推进海水淡化利用 缓解水资源短缺 . 国务院发展研究中心调查研究报告，2010 年第 180 号

[17] 张亮、谷树忠 . 关于规范我国水资源费征收标准的建议 . 国务院发展研究中心调查研究报告，2012 年第 72 号

[18] 张亮，谷树忠，王宇飞 . 关于科学合理开发空中云水资源的对策建议 . 国务院发展研究中心调查研究报告，2012 年第 222 号

[19] 张亮、谷树忠 . 缓解首都严重缺水态势的对策建议 . 国务院发展研究中心调查研究报告，2011 年第 193 号

[20] 张亮，谷树忠 . 关于改革和完善我国水价形成机制的建议 . 国务院发展研究中心调查研究报告，2011 年第 209 号

[21] 张亮 . 水资源费征收使用管理亟须加强 . 中国经济时报，2012 年 7 月 3 日

[22] 张亮，洪涛，王宇飞 . 缓解城市水资源短缺需多措并举 . 中国发展观察，2012 年第 6 期

[23] 张亮 . 推进水权交易建设 缓解水资源供需矛盾 . 中国发展观察，2014 年第 8 期

[24] 张亮 . 当前城市水价改革需要关注的几个关键问题 . 中国经济时报，2014 年 7 月 3 日

[25] 洪涛，武旭 . 科学选择水权流转方式 促进水资源高效利用 . 国务院发展研究中心调查研究报告，2012 年第 35 号

[26] 何希吾，顾定法，唐青蔚 . 我国需水总量零增长问题研究 . 自然资源学报，2011 年第 6 期

[27] 贾金生，马静，杨朝晖，张垚，徐耀 . 国际水资源利用效率追踪与比较 . 中国水利，2012 年第 5 期

[28] 贾绍凤 . 工业用水零增长的条件分析——发达国家的经验 . 地理科学进展，2001 年第 1 期

[29] 柯礼丹，全国总用水量向零增长过渡期的水资源对策研究——兼论南水北调工程的规划基础 . 地下水，2001 年第 3 期

[30] 柯礼丹 . 人均综合用水量方法预测需水量——观察未来社会用水的有效途径 . 地下水，2004 年第 1 期

[31] 刘昌明，何希吾．我国21世纪上半叶水资源需求分析．中国水利，2000年第1期

[32] 沈福新，耿雷华，曹霞莉，王建生，钟华平，徐澎波．中国水资源长期需求展望．水科学进展，2005年第4期

[33] 宋建军，张庆杰，刘颖秋．2020年我国水资源需求预测、保障程度分析与对策．中国经贸导刊，2004年第16期

[34] 沈满洪．水权交易制度研究——中国的案例分析．浙江大学博士学位论文，2004年

[35] 张静怡．水权交易制度研究．吉林大学硕士学位论文，2011

[36] 陈海嵩．可交易水权制度构建探析——以澳大利亚水权制度改革为例．水资源保护，2011年第3期

[37] 安新代，殷会娟．国内外水权交易现状及黄河水权转换特点．中国水利，2007年第19期

[38] 黄金平，邓禾．澳、美水权制度对构建我国水权制度的启示．西南政法大学学报，2004年第6期

[39] 史正涛，刘新有，明庆忠，曹玉超．论我国城市雨水利用路径的选择，云南师范大学学报（哲学社会科学版），第5期

[40] 胡继连，葛颜祥，李春芳．城市雨水资源化利用政策研究．山东社会科学，2009年第1期

[41] 王思思．国外城市雨水利用的进展．城市问题，2009年第10期

[42] 孙宏波，兰驷东．城市雨洪现状分析与收集利用．北京水务，2007年第5期

[43] 曹连海，马莎，陈南祥，徐建新．论城市雨水资源化的发展现状与对策．华北水利水电学院学报（社科版），2005年第3期